Bezugsbedingungen:

Preis des Heftes 1 bis 112 je 1 Mk,
zu beziehen durch Julius Springer, Berlin W. 9, Linkstr. 23/24;
für Lehrer und Schüler technischer Schulen 50 Pfg,
zu beziehen gegen Voreinsendung des Betrages vom Verein deutscher Ingenieure, Berlin N.W. 7, Charlottenstraße 43.
Von Heft 113 an sind die Preise entsprechend auf 2 ℳ und 1 ℳ erhöht.

Eine Zusammenstellung des Inhaltes der Hefte 1 bis 124 der Mitteilungen über Forschungsarbeiten zugleich mit einem Namen- und Sachverzeichnis wird auf Wunsch kostenfrei von der Redaktion der Zeitschrift des Vereines deutscher Ingenieure, Berlin N.W., Charlottenstr. 43, abgegeben.

Heft 125: Wild, Die Ursache der zusätzlichen Eisenverluste in umlaufenden glatten Ringankern. Beitrag zur Frage der drehenden Hysterese.
Heft 126: Preuß, Versuche über die Spannungsverminderung durch die Ausrundung scharfer Ecken.
Preuß, Versuche über die Spannungsverteilung in Kranhaken.
Preuß, Versuche über die Spannungsverteilung in gelochten Zugstäben.
Heft 127 und 128: Schöttler, Biegungsversuche mit gußeisernen Stäben.
Heft 129: Gramberg, Wirkungsweise und Berechnung der Windkessel von Kolbenpumpen.

Literarische Unternehmungen d. Vereines deutscher Ingenieure:

ZEITSCHRIFT
DES
VEREINES DEUTSCHER INGENIEURE.

Redakteur: D. Meyer.
Berlin N.W., Charlottenstraße 43
Geschäftstunden 9 bis 4 Uhr.
Expedition und Kommissionsverlag: Julius Springer, Berlin W., Linkstr. 23/24.

Die Zeitschrift des Vereines deutscher Ingenieure erscheint wöchentlich Sonnabends. Je einmal im Monat liegt ihr die Zeitschrift „Technik und Wirtschaft" bei. Preis bei Bezug durch Buchhandel und Post 40 ℳ jährlich; einzelne Nummern werden gegen Einsendung von je 1.30 ℳ — nach dem Ausland von je 1.60 ℳ — portofrei geliefert.

Anzeigen:
Das Millimeter Höhe einer Spalte kostet 25 Pf. Bei 6, 13, 26, 52 maliger Wiederholung im Laufe eines Jahres: 10, 20, 30, 40 vH Nachlaß.
Für Stellengesuche von Vereinsmitgliedern, **die unmittelbar bei der Annahmestelle, Link-Straße 23/24 aufgegeben und vorausbezahlt werden,** kostet das Millimeter Höhe einer Spalte nur 12 Pf.

Beilagen:
Preis und erforderliche Anzahl sind unter Einsendung eines Musters bei der Expedition zu erfragen. Die Beilagen sind **frei Berlin** zu liefern.

Den Einsendern von Ziffer-Anzeigen wird für Annahme und freie Zusendung einlaufender Angebote mindestens 1 ℳ berechnet.
Schluß der Anzeigen-Annahme: Montag Vorm.; für Stellengesuche: Montag Abend 7 Uhr.

TECHNIK UND WIRTSCHAFT.
MONATSCHRIFT DES VEREINES DEUTSCHER INGENIEURE.
REDAKTEUR D. MEYER.
IN KOMMISSION BEI JULIUS SPRINGER BERLIN.

Die »Technik und Wirtschaft« liegt der ganzen Auflage der Zeitschrift des Vereines deutscher Ingenieure (Preis des Jahrgangs 40 ℳ) allmonatlich bei. Sie ist außerdem für 8 ℳ für den Jahrgang durch alle Buchhandlungen und Postanstalten sowie durch die Verlagsbuchhandlung von Julius Springer zu beziehen.

Anzeigen: Die ganze Seite 100 ℳ, $1/2$ Seite 50 ℳ, $1/4$ Seite 25 ℳ, $1/8$ Seite 12,50 ℳ. Ein kleinerer Raum als $1/8$ Seite wird nicht abgegeben.
Bei 3 6 12 maliger Wiederholung im Jahre. **Beilagen:** Preis und erforderliche Anzahl sind
5 10 20 vH Nachlaß.
unter Einsendung eines Musters bei der Verlagsbuchhandlung von Julius Springer zu erfragen.
Auflage des Blattes 27 000.

Mitteilungen

über

Forschungsarbeiten

auf dem Gebiete des Ingenieurwesens

insbesondere aus den Laboratorien
der technischen Hochschulen

herausgegeben vom

Verein deutscher Ingenieure.

Heft 130.

Springer-Verlag Berlin Heidelberg GmbH

ISBN 978-3-662-01922-1   ISBN 978-3-662-02217-7 (eBook)
DOI 10.1007/978-3-662-02217-7

Inhalt.

Seite

Der Wärmeübergang von strömender Luft an Rohrwandungen. Von Dr.-Ing.
Heinrich Gröber 1

Ein technisches Verfahren zur Ermittlung der Wärmeleitfähigkeit plattenförmiger
Stoffe. Von Dipl.-Ing. Richard Poensgen 25

Der Wärmeübergang von strömender Luft an Rohrwandungen.

Von Dr.-Ing. **Heinrich Gröber.**

(Mitteilung aus dem Laboratorium für technische Physik der Kgl. Technischen Hochschule München.)

Einleitung.

Die vorliegende Arbeit ist das Ergebnis des ersten Teiles einer größeren Versuchsreihe, die sich mit den Verhältnissen des Wärmeüberganges von strömenden heißen Gasen, Dämpfen und Heizgasen an feste Wände befaßt. Dieser erste Teil beschränkt sich auf den Wärmeübergang von strömender heißer Luft an die Innenseite von Rohren und ist in seinen Ergebnissen innerhalb des Bereichs der Rohrwandtemperaturen von 75 bis 250° C, der mittleren Lufttemperaturen von 100 bis 350° C und der Strömungsgeschwindigkeiten von 0 bis 15 m/sk durch den Versuch bestätigt.

Die Untersuchung wurde im Laboratorium für technische Physik der Technischen Hochschule München mit Unterstützung des Vereines deutscher Ingenieure durchgeführt, und es sei an dieser Stelle dem Vereine der Dank des Laboratoriums ausgesprochen. Ein Auszug aus diesem Versuchsbericht befindet sich in der Z. d. V. d. I. 1912 S. 421.

A) Die Strömungsgleichungen der Thermodynamik.

In diesem ersten Abschnitt soll auf Grund der Lehren der Thermodynamik der Strömungszustand beschrieben werden, der sich in einem geraden zylindrischen Rohr unter dem Einfluß der inneren Reibung und des Wärmeaustausches mit der Wandung einstellt. Diese Erörterungen werden zur Aufstellung einer Gleichung für den Strömungszustand führen (Gl. 1a). Alsdann werden die Bedingungen aufgestellt werden, unter denen diese genauere Gl. (1a) durch die einfacheren Gl. (1b) oder (1c) ersetzt werden darf.

Für die stationäre Strömung einer zusammendrückbaren Flüssigkeit innerhalb einer Rohrleitung hat die Thermodynamik folgende Gleichungen aufgestellt:

$$Fw = Gv \quad \ldots \ldots \ldots \text{Kontinuitäts-Gleichung} \ldots \text{(I)},$$

$$\frac{w\,dw}{g} + v\,dp = -dW \quad \ldots \text{mechanische Grundgleichung} \ldots \text{(II)},$$

$$du + A\,d(pv) + A\,\frac{w\,dw}{g} = dQ \quad \text{Energie-Gleichung} \ldots \ldots \text{(III)}.$$

Hierin bedeutet

w die Strömungsgeschwindigkeit des ström. Körpers in m/sk,
v das spezifische Volumen » » » » m³/kg,
p den Druck » » » » kg/qm,
u die innere Energie der Gewichtseinheit » » » » WE/kg,
F den Querschnitt der Leitung . . . . » qm,
dW die Widerstandsarbeit der Gewichtseinheit. . . . . » mkg/kg,
dQ die auf die Gewichtseinheit in der Zeiteinheit von außen übertragene Wärmemenge . . . . » WE/skkg,
G das in der Zeiteinheit den Querschnitt durchströmende Flüssigkeitsgewicht . . . . » kg/sk,
A den Wärmewert der Arbeitseinheit $= 1/427$.

Hier ist bereits die Schwere unberücksichtigt gelassen. Wir wollen uns ferner beschränken auf zylindrische Rohre ($F = $ konst) und auf permanente Gase als strömende Körper. Dann liefert die Thermodynamik noch folgende Gleichungen:

$$pv = RT \quad \ldots \ldots \ldots \quad (IV),$$
$$du = c_v dT \quad \ldots \ldots \ldots \quad (V),$$
$$c_v + AR = c_p \quad \ldots \ldots \ldots \quad (VI).$$

Mit Hülfe dieser lassen sich aus den ersten Gleichungen die Größen u und v entfernen, sie lauten dann:

$$Fw = G \frac{RT}{p} \quad \ldots \ldots \ldots \quad (I),$$
$$\frac{w\,dw}{g} + \frac{RT}{p} dp = -dW \quad \ldots \ldots \quad (II),$$
$$A \frac{w\,dw}{g} + c_p dT = dQ \quad \ldots \ldots \quad (III).$$

Berücksichtigt man ferner, daß aus Gl. (I) folgt:

$$w = \frac{G}{F} \frac{RT}{p} \quad \text{und} \quad dw = \frac{G}{F} \frac{RT}{p} \left\{ \frac{dT}{T} - \frac{dp}{p} \right\},$$

so ist

$$A \frac{w\,dw}{g} = \frac{A}{g} \left(\frac{G}{F} \frac{RT}{p} \right)^2 \left\{ \frac{dT}{T} - \frac{dp}{p} \right\},$$

d. h. die kinetische Energie ändert sich, weil sich das Gas ausdehnt, und zwar dehnt es sich aus,

1) infolge Temperatursteigerung,
2) infolge Drucksenkung.

Gl. (III) lautet jetzt:

$$\left\{ c_p + \frac{A}{g} \left(\frac{G}{F} \frac{RT}{p} \right)^2 \frac{1}{T} \right\} dT = dQ + \frac{A}{g} \left(\frac{G}{F} \frac{RT}{p} \right)^2 \frac{dp}{p} \quad \ldots \quad (III).$$

Um über den Wert von dp Aufschluß zu erhalten, formen wir mit Hülfe von Gl. (I) und ihren Ableitungen auch Gl. (II) um. Sie heißt dann:

$$\frac{1}{g} \left(\frac{G}{F} \frac{RT}{p} \right)^2 \frac{dT}{T} + \frac{RT}{p} \left\{ 1 - \frac{1}{g} \frac{G^2}{F^2} \frac{RT}{p^2} \right\} dp = -dW \quad \ldots \quad (II).$$

Die Größen dQ und dW in diesen beiden letzten Gleichungen lassen sich darstellen durch:

$$dQ = F_1(\ldots) dl \quad \text{und}$$
$$dW = F_2(\ldots) dl.$$

Hierin bezeichnen F_1 und F_2 Funktionen irgendwelcher Veränderlicher und dl ein unendlich kurzes Stück der Rohrlänge. Die Größen dQ und dW sind es also, die die Rohrlänge in die Rechnung einführen und damit den rechnerischen Zusammenhang liefern zwischen den Zustandsgrößen des strömenden Körpers und der Stelle im Rohr. Die Funktionen F_1 und F_2 können nur durch den Versuch gefunden werden. Die Bestimmung von dQ wird in den späteren Abschnitten eingehend besprochen. Ueber dW erhalten wir die nötigen Aufschlüsse aus den Versuchen, die W. Nußelt[1]) über den Druckabfall längs seines Versuchsrohres angestellt hat. Er ließ bei Zimmertemperatur ohne Wärmezufuhr von außen Luft durch das Versuchsrohr strömen und bestimmte den Druckabfall längs des Rohres. Die hierbei auftretende Erwärmung des Gases kann vernachlässigt werden. d. h. dT kann gleich null gesetzt werden. Für die Nußeltschen Versuche gilt dann die Gl. (II) in der folgenden Form:

$$\frac{RT}{p}\left\{1 - \frac{1}{g}\frac{G^2}{F^2}\frac{RT}{p^2}\right\} dp = -dW.$$

Nach Nußelt ist

$$dp = -a w^n \chi^{n-1} \eta^{2-n} D^{n-3} dl$$
$$= -a D^{n-3} \eta^{2-n} w^n g^{1-n} v^{1-n} dl$$
$$= -C \left(\frac{G}{F}\right)^n \left(\frac{RT}{p}\right)^n \left(\frac{RT}{p}\right)^{1-n} dl$$
$$= -C \left(\frac{G}{F}\right)^n \frac{RT}{p} dl.$$

In dieser Rechnung ist a ein Zahlenwert, χ die Massendichte des Gases, η die Zähigkeit, D der Durchmesser, l die Länge des Rohres und $C = a g^{1-n} D^{n-3} \eta^{2-n} =$ konst längs eines Rohres.

Damit ergibt sich

$$-dW = -C \left(\frac{G}{F}\right)^n \left(\frac{RT}{p}\right)^2 \left\{1 - \frac{1}{g}\left(\frac{G}{F}\right)^2 \frac{RT}{p^2}\right\} dl.$$

Diesen Wert für die Widerstandsarbeit setzen wir in Gl. (II) ein:

$$\frac{1}{g}\left(\frac{G}{F}\frac{RT}{p}\right)^2 \frac{dT}{T} + \frac{RT}{p}\left\{1 - \frac{1}{g}\frac{G^2}{F^2}\frac{RT}{p^2}\right\} dp = -C\left(\frac{G}{F}\right)^n \left(\frac{RT}{p}\right)^2 \left\{1 - \frac{1}{g}\frac{G^2}{F^2}\frac{RT}{p^2}\right\} dl,$$

daraus wird

$$dp = -C\left(\frac{G}{F}\right)^n \frac{RT}{p} dl - \frac{1}{g}\left(\frac{G}{F}\right)^2 \frac{R}{p} \frac{dT}{1 - \frac{1}{g}\left(\frac{G}{F}\right)^2 \frac{RT}{p^2}} \quad \ldots \text{(II)}.$$

Die Drucksenkung längs des Rohres setzt sich also aus zwei Teilen zusammen. Der erste Ausdruck der rechten Gleichungsseite stellt jenes Druckgefälle dar, das zur Ueberwindung der Reibungswiderstände nötig ist (obiger Wert aus Nußelts Versuchen). Der zweite Ausdruck kennzeichnet jenes Druckgefälle, das durch die Wärmezufuhr von außen verursacht wird, indem die Gasmasse sich ausdehnt und so eine Beschleunigung erfährt.

Führt man zum Schlusse noch dp aus dieser Gl. (II) in Gl. (III) ein, so lautet letztere:

$$\left[c_p + \frac{A}{g}\left(\frac{G}{F}\frac{RT}{p}\right)^2 \frac{1}{T} + \frac{A}{g}\left(\frac{G}{F}\frac{RT}{p}\right)^2 \frac{1}{g}\left(\frac{G}{F}\frac{RT}{p}\right)^2 \frac{1}{RT^2} \frac{1}{1 - \frac{1}{g}\frac{G^2}{F^2}\frac{RT}{p^2}}\right] dT$$
$$= dQ - \frac{AC}{g}\left(\frac{G}{F}\frac{RT}{p}\right)^4 \frac{1}{RT}\left(\frac{G}{F}\right)^{n-2} dl \quad \ldots \ldots \text{(I)}.$$

---

[1]) W. Nußelt, vergl. S. 5 Fußnote 1.

Diese Gleichung ist auf die Veränderlichen p, T und l zurückgeführt, einerseits weil diese Größen beim Versuch der Messung unmittelbar zugänglich sind, anderseits weil die Nußeltsche Gleichung für den Druckabfall längs eines Rohres sich ebenfalls auf p, T und l zurückführen läßt. Wir wollen jetzt der Gl. (1) zur Besprechung eine einfachere Gestalt geben, indem wir wieder statt $\frac{G}{F}\frac{RT}{p}$ die Größe w einführen.

$$\left[c_p + \frac{Aw^2}{gT} + \frac{Aw^2}{gT}\frac{w^2}{gRT}\frac{1}{1-\frac{w^2}{gRT}}\right]dT = dQ - \frac{AC}{g}\frac{w^4}{RT}\left(\frac{G}{F}\right)^{n-2}dl$$

$$c_p dT + \frac{Aw^2}{g}\left(\frac{1}{T-\frac{w^2}{gR}}\right)dT = dQ - \frac{Aw^2}{g}C\frac{w^2}{RT}\left(\frac{G}{F}\right)^{n-2}dl \quad \ldots \quad (1\,a).$$

In dieser Gleichung stellt der erste Ausdruck die auf Temperaturerhöhung des Gases verwendete Energie, der zweite Ausdruck die Aenderung der kinetischen Energie des Gases infolge der Ausdehnung durch Erwärmung, der dritte Ausdruck die von außen zugeführte Wärme und der vierte Ausdruck die Aenderung der kinetischen Energie durch Ausdehnung infolge der Drucksenkung dar, durch die die Reibung überwunden wird.

Die Gleichung läßt sich in den meisten technischen Fällen dadurch vereinfachen, daß der zweite Ausdruck gegenüber dem ersten vernachlässigt werden kann, und zwar hängt das Verhältnis dieser beiden Faktoren von dT außer von der Natur des Gases (R und c_p) nur von der absoluten Temperatur T und der Strömungsgeschwindigkeit w ab. In untenstehender Zahlentafel ist der Wert des zweiten Ausdruckes für Luft ($R = 29{,}3$) abhängig von T und w eingetragen.

Lufttemperatur =		-100^0 C	$+100^0$ C	$+200^0$ C	$+300^0$ C
Luft- geschwindig- keit	30 m/sk	0,001	0,001	—	—
	50 »	0,004	0,002	0,001	0,001
	100 »	0,017	0,007	0,005	0,003

Dieser Wert ist nur bei tiefen Temperaturen und sehr großen Strömungsgeschwindigkeiten von einer solchen Größe, daß er gegenüber der spezifischen Wärme ($= 0{,}239$) in Betracht kommt. Für diese Zustände sind aber die Wärmeübergangsverhältnisse und der Druckabfall so wenig bekannt, daß die in der rechten Seite der Gl. (1 a) entstehenden Fehler jedenfalls größer sind, als diejenigen, die durch Vernachlässigung des zweiten Summanden gegen die spezifische Wärme entstehen. Man kann also die Gl. (1) in folgender vereinfachter Form schreiben, nachdem für dQ der Wert $\frac{\alpha D \pi dl(T-T_w)}{3600\,G}$ eingeführt ist:

$$\frac{c_p}{T-T_w}dT = \left[\frac{\alpha D \pi}{3600\,G} - \frac{AC}{g}\frac{w^4}{RT}\left(\frac{G}{F}\right)^{n-2}\cdot\frac{1}{T-T_w}\right]dl \quad \ldots \quad (1\,b);$$

hierin ist mit α die Wärmeübergangzahl für die Stunde und mit T_w die Rohrwandtemperatur bezeichnet.

Ueber das Größenverhältnis der beiden Summanden dieses Klammerausdruckes lassen sich keine allgemein gültigen Angaben machen. Durch Einsetzen der jeweiligen Zahlenwerte einer gestellten Aufgabe läßt sich ein Anhalt für das Größenverhältnis der beiden Summanden zueinander gewinnen. In allen Fällen, in denen von einem beträchtlichen Wärmeaustausch zwischen Gas und Wandung gesprochen werden kann (Feuerungs- und Heizungstechnik), wird man finden, daß das zweite Glied gegen das erste verschwindet. Die Gl. (1) nimmt dann die sehr einfache Form an:

$$\frac{c_p}{T-T_w} dT = \frac{\alpha D \pi}{3600\, G} dl \quad \ldots \ldots \ldots (1\,\mathrm{c}).$$

Aber auch in jenen Fällen, in denen der zweite Summand nicht vernachlässigt werden darf, bleibt er von untergeordneter Bedeutung, und die Genauigkeit, mit der eine gegebene oder gesuchte Strömung der Berechnung ihres Geschwindigkeits- und Temperaturverlaufes zugänglich ist, ist daher in erster Linie abhängig von der Genauigkeit, mit der die Wärmeübergangzahl α für den zu berechnenden Strömungszustand bekannt ist.

B) Die Kenntnis der Wärmeübergangzahl.

Für den Wärmeaustausch zwischen einem Gas und der Innenseite eines geraden zylindrischen Rohres liegen zwei eingehende theoretische Arbeiten von Dr.-Ing. W. Nußelt[1]) vor, von denen die erste durch die nachstehend mitgeteilten Versuche ihres Verfassers auch in ihren Hauptpunkten geprüft und bestätigt worden ist.

Die Arbeit »Der Wärmeübergang in Rohrleitungen« zeigt, daß der Wert der Wärmeübergangzahl abhängig ist von der Wärmeleitfähigkeit des strömenden Körpers bei der Temperatur der Wand λ_w und bei der Temperatur des Gases λ_G, ferner vom Rohrdurchmesser D, von der Strömungsgeschwindigkeit w, von der Dichte ϱ und der spezifischen Wärme bei gleichbleibendem Druck c_p. Die Nußeltsche Formel lautet:

$$\alpha = 15{,}90 \frac{\lambda_w}{D^{1-m}} \left(\frac{w \varrho c_p}{\lambda_G}\right)^m \frac{\mathrm{WE}}{\mathrm{st\,^0 C\,m^2}}.$$

Nußelt hat durch den Versuch die Abhängigkeit des α von der Geschwindigkeit und von den physikalischen Konstanten λ, c_p und ϱ bestimmt, indem er Luft, Leuchtgas und Kohlensäure untersuchte. Er fand die in der Formel angegebenen Potenzfunktionen durch den Versuch bestätigt und erhielt für das von ihm verwendete glatt gezogene Messingrohr den Exponenten $m = 0{,}786$. Er wies auch darauf hin, daß der Wert m mit wachsender Rauhigkeit der Rohrinnenfläche abnimmt.

In einer zweiten Arbeit[2]) »Die Abhängigkeit der Wärmeübergangzahl von der Rohrlänge« beschränkt sich Nußelt auf unzusammendrückbare Flüssigkeiten. Er denkt sich die Flüssigkeit mit einer über den ganzen Querschnitt gleichen Temperatur in das Rohr eintretend, dessen Temperatur höher oder tiefer als die der Flüssigkeit ist. Die Wärmeübergangzahl ändert sich dann sehr stark mit der Entfernung von der Eintrittstelle, und zwar ist sie an der Eintrittstelle theoretisch unendlich groß, α_{max}, nimmt sehr rasch ab und erreicht schon nach einer Rohrlänge von einem geringen Vielfachen des Rohrdurchmessers den Kleinstwert α_{min}, der dann praktisch unverändert bleibt, vergl. später Seite 21. Dieselbe Gesetzmäßigkeit, die hier für Flüssigkeiten aufgestellt ist, gilt auch für Gase. Die Zahlenwerte aber, die Nußelt angibt für den Wert α_{min} sowie für den Einfluß der durchströmten Rohrstrecke, gelten nur unterhalb der kritischen Geschwindigkeit und sind auch nicht auf Gase übertragbar, weil der mathematische Ansatz, von dem Nußelt ausgeht, die Unzusammendrückbarkeit der Flüssigkeit voraussetzt.

---
[1]) W. Nußelt: Habilitationsschrift, Techn. Hochschule Dresden 1909; Mitteilungen über Forschungsarbeiten Heft Nr. 89. Im Auszug in der Z. d. V. d. I. 1909 S. 1750.
[2]) Z. d. V. d. I. 1910 S. 1154.

Diese beiden Nußeltschen Arbeiten fassen am vollständigsten unsere gegenwärtige Kenntnis vom Wärmeaustausch zwischen Gasen und Rohrwänden zusammen[1]). Durch den Versuch noch nicht bestätigt sind zurzeit die Abhängigkeit vom Rohrdurchmesser (die Nußelt durch die Bezeichnung $\left(\alpha_D = \frac{\alpha_1}{D^{1-m}}\right)$ ausdrückt) und die Abhängigkeit von Rohrwand- und Gastemperatur. Die letztere Abhängigkeit ist in der Nußeltschen Formel zwar nicht deutlich ausgesprochen, aber doch in ihr enthalten. Da nämlich λ und ϱ Funktionen der Temperatur sind nach den Gleichungen

$$\lambda_T = \lambda_0 \frac{T}{237} \text{ und } \varrho_T = \varrho_0 \frac{273}{T},$$

so kann man in der Nußeltschen Formel die Rohrwandtemperatur T_w und die Gastemperatur T_G in Graden der absoluten Zählung einführen. Sie lautet dann:

$$\alpha = \frac{15{,}90 \cdot 273^{2m-1}}{D^{1-m}} c_p{}^m \varrho_0{}^m \lambda_0{}^{1-m} T_w{}^1 T_G{}^{-2m} w^m ;$$

d. h. α ist auch mit T_w und T_G durch Potenzfunktionen verbunden. Die Prüfung dieser Gesetzmäßigkeit, die durch Versuch noch nicht festgestellt und auch von Nußelt selbst nicht geradezu ausgesprochen ist, spielt eine wichtige Rolle in der nachfolgend besprochenen Untersuchung. Als Grundlage für die Versuche wurde die Gl. (1 c) gewählt.

$$\alpha = \frac{3600\, G}{D\pi} = \frac{c_p}{T_G - T_w} \frac{dT_G}{dl} \frac{\text{WE}}{\text{sk}\,{}^0\text{C}\,\text{m}^2} \quad \ldots \ldots \quad (1\,\text{d})$$

oder

$$\alpha = 900\, D c_p \varrho \frac{w}{T_G - T_w} \frac{dT_G}{dl} \frac{\text{WE}}{\text{st}\,{}^0\text{C}\,\text{m}^2} \quad \ldots \ldots \quad (1\,\text{e}),$$

weil $G = \frac{D^2 \pi}{4} w \varrho$ ist.

Von den beiden Möglichkeiten, die Wärme entweder von der Wand nach dem Gas oder vom Gas nach der Wand gehen zu lassen, wurde letztere zum Versuch gewählt.

C) Die Versuchseinrichtung.

1) Allgemeine Anordnung.

Die der Versuchsanordnung zufallende Aufgabe läßt sich in den folgenden Worten zusammenfassen. Es soll während einer beliebig langen Zeit ein heißer Luftstrom von gleich bleibender Temperatur erzeugt und durch ein gekühltes Rohr geleitet werden, hierbei soll gemessen werden können:

Die in der Zeiteinheit geförderte Luftmenge in kg/st,

die Temperatur des Luftstroms in verschiedenen Entfernungen vom Eintritt ins Rohr und

die Temperatur der Rohrwand an verschiedenen Stellen.

Auf Grund dieser Forderungen wurde die Versuchseinrichtung, deren schematische Darstellung Fig. 1 gibt, ausgeführt.

Ein Ventilator A ließ in einer in sich geschlossenen Rohrleitung Luft umlaufen, die durch einen elektrischen Heizkörper B auf hohe Temperatur gebracht wurde. Diese heiße Luft durchströmte erst das als Beruhigungsstrecke dienende etwa 2 m lange gerade Rohr CD, dann das ebenfalls etwa 2 m lange Versuchsrohr DE und kehrte über die Drosselscheibe F zum Ventilator zurück.

---

[1]) A. w. d. K. Nach Abschluß dieses Berichtes erschien Heft 3 der Mitteil. der Prüf.-Anst. für Heiz.- u. Lüft.-Einrichtungen (Charlottenburg) mit einer Abhandlung über den Wärmeübergang in Rohren.

Die ganze Leitung war vorzüglich isoliert, nur das Versuchsrohr war nicht isoliert, um hier den nötigen Temperaturunterschied zwischen Luft und Wandung zu erreichen.

Der Ventilator war ein Schleudergebläse von 35 mm Dmr., das durch einen Elektromotor angetrieben wurde. Durch eine starke Veränderlichkeit der Drehzahl des Ventilators ließ sich auch die geförderte Luftmenge und damit die Luftgeschwindigkeit im Versuchsrohr innerhalb weiter Grenzen, nämlich zwischen 0 und 15 m/sk verändern.

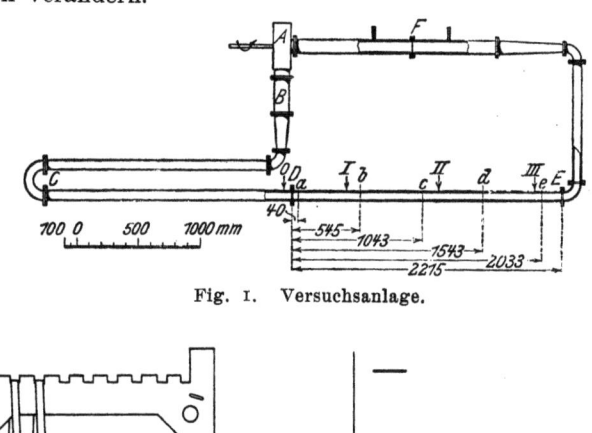

Fig. 1. Versuchsanlage.

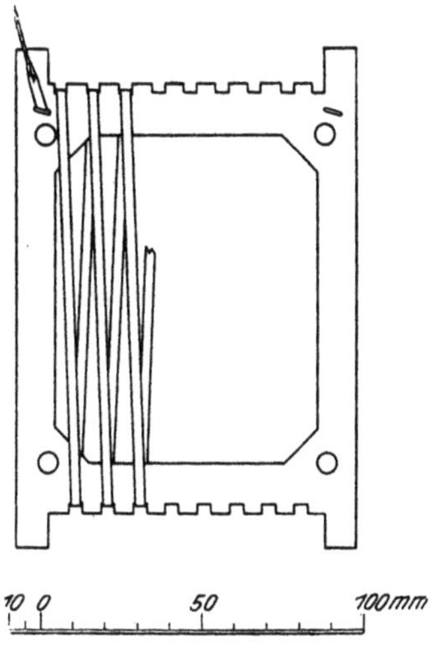

Fig. 2. Einzelheizkörper.

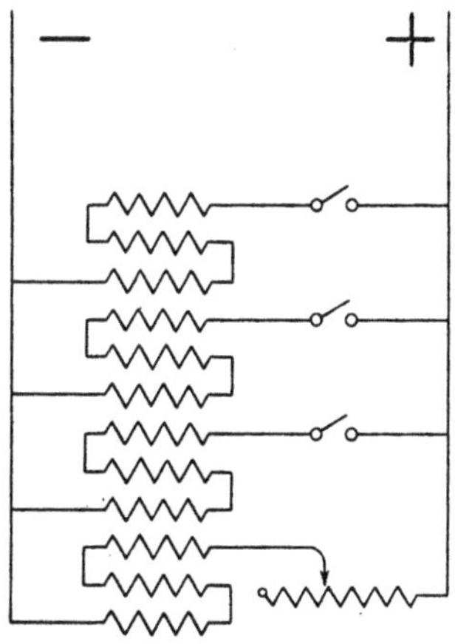

Fig. 3. Schaltungsplan.

Der elektrische Heizkörper bestand aus 12 Einzelheizkörpern, von denen einer in Fig. 2 wiedergegeben ist. Auf einem rechteckigen Rahmen aus Asbestschiefer war Nickelplätt von 2,7 mm Breite, 0,2 mm Dicke und etwa 2 m Länge aufgewickelt. Das Plätt aus reinem Nickel hat zwar gegenüber dem Plätt aus Nickelin den Nachteil, daß es seinen Widerstand mit der Belastung ändert und damit das Einregeln einer bestimmten Heizenergie erschwert, dagegen den Vorteil, daß es bedeutend höhere Stromstärken aufnehmen kann und bei Dauerbelastung nicht durch Oxydieren Schaden leidet.

Zwölf solcher Rahmen wurden hintereinander aufgestellt und so in die Luftleitung eingebaut, daß die Luft zwischen den einzelnen Plättstreifen hindurchstreichen mußte.

Die elektrische Schaltung des Heizkörpers zeigt Fig. 3. Je 3 solcher Einzelheizkörper wurden durch Hintereinanderschalten zu einer Gruppe vereinigt und diese so gebildeten 4 Gruppen unter sich parallel geschaltet. Drei dieser Gruppen konnten durch Schalter aus- und eingeschaltet und in der 4. Gruppe konnte durch einen Vorschaltwiderstand die Stromstärke verändert werden. Die Heizenergie konnte auf diese Weise zwischen 0 und 7,7 KW verändert werden, ohne daß namhafte Energiemengen in den Regelwiderständen außerhalb der Heizkörper vergeudet worden wären.

Das Rohr der Beruhigungsstrecke und das Versuchsrohr waren nahtlos gezogene Stahlrohre von 62 mm innerem Dmr. und 3 mm Wandstärke. Die Verbindung der Rohre bei D und E, Fig. 1, war durch Flanschen bewerkstelligt, zwischen die Asbestschiefer von 8 mm Stärke gelegt war, um die Wärmeleitung von den heißeren Rohren CD und EF nach dem kühlen Versuchsrohr DE zu beschränken.

Hier ist auch die zweite Heizeinrichtung, die wir als Nebenheizung bezeichnen wollen, zu erwähnen. Um das Rohr der Beruhigungsstrecke war eine bifilare Wicklung von Nickelplätt gelegt. Durch diese Heizung konnte die Temperatur der Wandung auf die gleiche Höhe mit der Temperatur des Gasstromes gebracht werden, so daß die Luft aus der Beruhigungsstrecke mit einer im ganzen Querschnitt gleichen Temperatur austrat.

Die Temperatur der Wandung des Versuchsrohres hing ab von den Temperaturen der Luft im Innern des Rohres und der Raumtemperatur sowie von den Uebergangsverhältnissen der Wärme an der Innen- und Außenseite des Rohres. Sie wurde an 3 Stellen (I, II, III der Fig. 1) (272 mm, 1095 mm und 1865 mm vom Rohranfang entfernt) durch Thermoelemente gemessen, deren Lötstellen in kleine Einkerbungen in die Rohrwand eingelassen und durch kleine Deckplatten festgeschraubt waren[1]). Zur Vermeidung der Wärmeableitung durch die Drähte des Thermoelementes wurden diese erst einmal fest um das Rohr gewickelt und erst dann zu den Meßgeräten geführt.

Das Versuchsrohr trug ferner bei den Stellen a, b, c und e, Fig. 1, die Einrichtungen zum Messen der Lufttemperatur (— 40 mm, + 465 mm, 973 mm und + 1960 mm vom Rohranfang entfernt) und bei d (+ 1463 mm vom Rohranfang) die Einrichtung zum Messen der in der Zeiteinheit den Querschnitt durchströmenden Luftmenge. Diese beiden Einrichtungen sollen im Folgenden beschrieben werden.

2) Vorrichtung zum Messen der Temperatur der heißen Luft.

Beim Messen der Temperatur eines heißen Gasstromes, der innerhalb einer gekühlten Wandung fließt, sind unter anderen zwei Fehler zu vermeiden, die hier eingehender besprochen werden sollen.

1) Ein erster Fehler entsteht dadurch, daß das Meßgerät nicht die Temperatur der umgebenden Luft annimmt[2]). Das Meßgerät erhält durch Leitung und Strömung von der Luft Wärme zugeführt, verliert dagegen wieder durch Ableitung in der Befestigung (Stiel) oder in den Drähten bei Thermoelementen von dieser Wärme und wird deshalb niemals vollständig die Temperatur der Luft annehmen können. Dieser Fehler wird um so kleiner, je besser die Wärmeaufnahme und je schlechter die Wärmeabgabe ist. Beim Versuch wurden Thermoelemente aus Kupfer- und Konstantan-Drähten von 0,6 mm Dicke verwendet. Erfahrungsgemäß ist nun der Wärmeübergang von Luft an dünne Drähte sehr gut. Auch die Wärmeableitung längs der Drähte konnte sehr verringert werden, indem die Drähte von der Lötstelle aus erst 80 mm weit axial, d. h. in einem Gebiet gleicher Temperatur, und erst dann radial aus dem Rohr herausgeführt wurden.

---

[1]) F. Wamsler, Die Wärmeabgabe geheizter Körper an Luft. Dissertation München 1909, S. 24. Mitteilungen über Forschungsarbeiten Heft 98/99.
[2]) Nußelt, Habilitationsschrift S. 15.

Nur die Ableitung durch Strahlung war vorerst noch beträchtlich. Ueber deren Betrag soll eine Näherungsrechnung angestellt werden, die sich an die Ausführungen von Nußelt anschließt.

Wir denken uns im Innern eines Rohres, dessen Wandung gekühlt ist, ein heißes Gas strömend und in diesem Gasstrom ein Stück eines Drahtes parallel zur Rohrachse angebracht, dann wird der Draht in der Zeiteinheit von der Luft ebenso viel Wärme Q_I durch Strömung und Leitung aufnehmen, wie er an die Wandung durch Strahlung abgibt, Q_{II}.

Bezeichnet

T_G die Temperatur des Gases in Graden absoluter Zählung,
T_D » » » Drahtes » » » »
T_W » » der Wand » » » »
d den Durchmesser des Drahtes,
dl ein Längenelement des Drahtes,
α die Wärmeübergangzahl von Luft an den Draht,
c das Strahlungsvermögen des Drahtes,

und nimmt man die Innenfläche des Rohres als absolut schwarz an, so ist

$$Q_I = \alpha\, d\, \pi\, dl\, (T_G - T_D),$$
$$Q_{II} = c\, d\, \pi\, dl \left\{\left(\frac{T_D}{100}\right)^4 - \left(\frac{T_W}{100}\right)^4\right\}.$$

Da $Q_I = Q_{II}$ ist, ist der Fehler der Messung:

$$T_G - T_D = \frac{c}{\alpha}\left\{\left(\frac{T_D}{100}\right)^4 - \left(\frac{T_W}{100}\right)^4\right\}.$$

Setzt man zum Beispiel

$T_G = 400^0$ abs.,
$T_W = 300^0$ abs.,
$\alpha = 40$,
$c = 4{,}0$,

so ist

$T_D = 386^0$ abs.

und der Fehler der Messung: $T_G - T_D = 14^0$.

Um den Draht vor Ausstrahlung zu schützen, umgeben wir ihn mit einem dünnwandigen Rohr vom Durchmesser D_0, welches an beiden Enden offen ist und der Luft den Durchtritt gestattet. Der Draht strahlt jetzt nicht mehr gegen die kalte Rohrwand, sondern gegen das viel heißere Strahlungsschutzrohr. Wir nennen dessen Temperatur T_R. Für den Wärmeaustausch zwischen Gas und Rohr sowie Rohr und Wand gilt dann:

$$Q_I' = 2\,\alpha\, D_0\, \pi\, dl\, (T_G - T_R),$$
$$Q_{II}' = c\, D_0\, \pi\, dl \left\{\left(\frac{T_R}{100}\right)^4 - \left(\frac{T_W}{100}\right)^4\right\},$$
$$T_R = 392{,}5^0,$$
$$T_G - T_R = 7{,}5^0,$$

und für den Wärmeaustausch zwischen Gas und Draht sowie Draht und Rohr gilt:

$$T_G - T_D = \frac{c}{\alpha}\left\{\left(\frac{T_D}{100}\right)^4 - \left(\frac{T_R}{100}\right)^4\right\},$$
$$T_D = 398{,}6^0 \text{ abs.},$$
$$T_G - T_D = \text{der Fehler der Messung} = 1{,}4^0.$$

In dieser Berechnung ist die Voraussetzung gemacht, daß sowohl die Innenseite des Leitungsrohres wie die Innenseite des Strahlungsschutzrohres absolut schwarz sind. Da dies nicht der Fall ist, so ist der Fehler jedenfalls kleiner, als hier angegeben; er ist um so kleiner, je stärker rückstrahlend die Innenflächen des Leitungsrohres und die Innen- und Außenflächen des Strahlungsschutzrohres sind. Vor Fertigstellung des Versuchapparates wurden durch Vorversuche mit einer besonderen Vorrichtung Erfahrungen über die Temperaturmessung in heißen Gasen bei gekühlter Wandung gesammelt. Zu diesem Zwecke wurde durch ein Rohr von 60 mm Dmr. heiße Luft getrieben. Das Rohr war mit Ausnahme eines Stückes von 800 mm Länge gut isoliert; das nicht isolierte Stück war von einer mit Wasser gefüllten Blechwanne umgeben, Fig. 4.

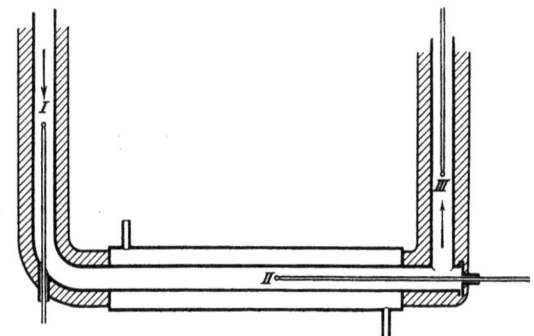

Fig. 4. Apparat zum Vorversuch.

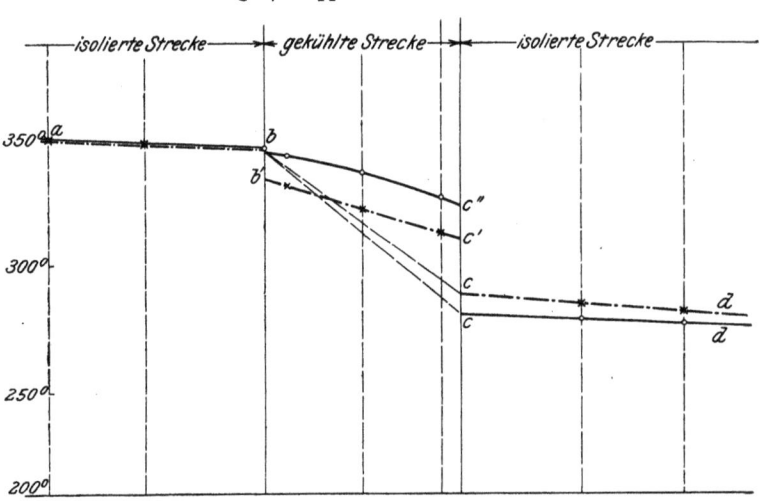

Fig. 5. Abszissen: Rohrlängen. Ordinaten: gemessene Temperaturen,
——— mit Strahlungsrohr, —·—·— ohne Strahlungsrohr.

I, II und III sind 3 Thermoelemente, die axial verschiebbar angeordnet sind und aus je einem Kupfer- und Konstantandraht von 0,6 mm Dmr. bestehen, voneinander durch übergeschobene Glasrohre isoliert und durch Messingröhrchen versteift und getragen werden, Fig. 6 und 7. Element I und III befanden sich in den isolierten Teilen der Leitung, waren also von heißer Wandung umgeben, und ihre Angaben konnten als fehlerfrei angesehen werden. Trägt man in einem Koordinatensystem, Fig. 5, die Rohrlängen als Abszissen, die Temperaturen als Ordinaten auf, so stellt ab und cd den Temperaturverlauf in den isolierten Teilen der Leitung vor. Wären auch die Messungen von Element II richtig, so müßten sich seine Angaben bei b und c an die Angaben von Element I und III anschließen. Der Versuch ergab aber die Werte b' und c'. Der Temperaturunterschied bb' rührt von dem Wärmeverlust des Thermoelementes durch Strahlung her. Nachdem das Thermoelement mit einem Strahlungsschutzrohr versehen war, Fig. 6 bis 9, ergab der Versuch für die gekühlte Strecke den Temperaturverlauf bc''. Der Anschluß bei b war jetzt zufriedenstellend, d. h. der schädliche Einfluß der Ausstrahlung des Thermoelementes war beseitigt.

Dagegen ergab der Versuch einen größeren Unterschied der Angaben von Element II und III für den Punkt c, und wir werden auf den zweiten Fehler hingewiesen, der bei derartigen Messungen zu vermeiden ist.

2) Ein zweiter Fehler entsteht dadurch, daß das Meßgerät nicht die mittlere Temperatur im Querschnitt mißt, sondern nur die Temperatur des innersten, heißesten Kernes des Luftstromes. Wenn die Luft bei b in das gekühlte Rohr

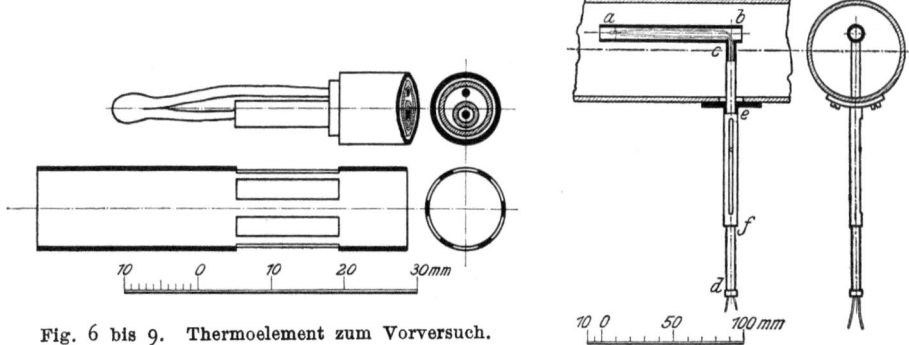

Fig. 6 bis 9. Thermoelement zum Vorversuch.

Fig. 10 und 11.
Einbau der Thermoelemente.

eintritt, hat sie eine über den ganzen Querschnitt fast gleiche Temperatur. Durch die gekühlte Wand wird die äußerste Schicht der Luft sofort abgekühlt, die übrigen Schichten folgen später nach, und am langsamsten wird die Luft in der Achse abgekühlt. Element II mißt also nur die Temperatur des heißesten Teiles. Durchströmt dann die Luft die Ecke zwischen Element II und III, so wird sie kräftig durcheinandergewirbelt, und die Temperaturverteilung über den Querschnitt wird wieder gleichmäßig, d. h. Element III gibt, obwohl es auch nur in der Achse mißt, die mittlere Temperatur der Luft im Querschnitt an.

Es ergeben sich dadurch von selbst die beiden Möglichkeiten der Abhülfe: entweder man mischt die Luft vor jeder Temperaturmeßstelle, oder man führt mehrere Messungen längs eines jeden Durchmessers aus. Erst nachdem durch diese Vorversuche die genügende Sicherheit in der Temperaturmessung erlangt war, wurde die Einrichtung zur Temperaturmessung für den Hauptversuch angefertigt.

Auf Grund bisheriger Erfahrungen in Temperaturmessungen wurden auch zum Hauptversuch Thermoelemente verwendet, da sie sich als zuverlässig, bequem in der Anordnung und durchaus genau erwiesen hatten. Die Elemente bestanden aus Kupfer- und Konstantandrähten von 0,6 mm Dmr., waren mit Seide doppelt umsponnen, schellackiert und an einem Ende hart verlötet. Die anderen Enden der Drähte waren zu einem Paraffin-Quecksilberumschalter geführt, mit Hülfe dessen jedes einzelne Element an das Präzisions-Zeigergalvanometer von Siemens & Halske angeschlossen werden konnte. Die Elemente waren in einem Oel- bezw. Salpeterthermostaten geeicht worden, und die Ergebnisse dieser Eichung sind in Eichkurven zusammengestellt. Fig. 10 und 11 zeigen die beim Hauptversuch verwendete Anordnung der Thermoelemente. Zur

Vermeidung des Fehlers 1) wurde, wie schon mehrfach erwähnt, das an beiden Seiten offene Strahlungsschutzrohr *ab* verwendet. Um auch den Fehler 2 zu umgehen, wurde das Thermoelement samt Strahlungsschutzrohr längs eines Durchmessers des Rohres von einer Wandung bis zur anderen verschiebbar angeordnet. Dadurch wurde zwar die Zahl der Ablesungen bei einem Versuch bedeutend vermehrt, aber man erreichte dafür einerseits eine sehr große Genauigkeit der Messung, anderseits einen Einblick in die Temperaturverteilung innerhalb des Luftstromes. Das Messingrohr *cd* diente als Träger des Strahlungsschutzrohres und zum Herausführen der Thermoelementdrähte; es war so dünn als möglich gehalten, um die Luftströmung möglichst wenig zu beeinflussen. Auf der Führungshülse *ef* war eine Teilung angebracht, die von außen die Stellung des Thermoelementes im Innern des Rohres erkennen ließ. Das Gerät wurde auf die Entfernungen 0 mm, 8,0 mm, 16,3 mm und 25,5 mm von der Achse eingestellt.

3) Vorrichtung zum Messen der Luftmenge.

Zur Messung der Strömungsgeschwindigkeit der Luft wurde ein sogenanntes Staurohr (geliefert von der Firma Schultze, Charlottenburg) verwendet. Es ist dies ein von Prof. Prandtl und später nochmals von Prof. Brabbee abgeändertes Pitot-Rohr. In der Prüfungsanstalt für Heizungs- und Lüftungseinrichtungen der Technischen Hochschule Berlin wurde es eingehend untersucht[1]) und hat sich hierbei vollkommen bewährt. Die weiter unten erwähnte Instrumentkonstante wurde zu 1,00 bestimmt.

Das Staurohr war durch Gummischläuche mit den beiden Seiten eines Krellschen Mikromanometers verbunden, welches den Unterschied zwischen Gesamtdruck und statischem Druck der Luft, also unmittelbar den dynamischen Druck der Luft in mm Wassersäule oder, was zahlenmäßig dasselbe ist, in kg/qm abzulesen gestattete.

Bezeichnet

H den Gesamtdruck der Luft,
h_s » statischen Druck der Luft,
h_d » dynamischen » » ,
ζ die Instrumentkonstante,
w » Geschwindigkeit der Luft in m/sk,
g » Erdbeschleunigung = 9,81,
ϱ das spezifische Gewicht der Luft,

so gilt

$$H - h_s = h_d = \zeta \frac{w^2}{2g} \varrho.$$

Die Geschwindigkeit der Luft an der Stelle des Staurohres ist dann

$$w = \sqrt{\frac{2 g h_d}{\varrho}}.$$

Denken wir uns nun an der Stelle des Staurohres ein kleines Flächenstück dF senkrecht zur Strömung, so strömt durch dieses in der Zeiteinheit das Luftgewicht

$$dG = dF w \varrho = dF \sqrt{2 g h_d \varrho}.$$

Dieser Wert dG ist je nach dem Abstand von der Rohrachse verschieden, weil nicht nur h_d sondern auch ϱ in verschiedenen Abständen verschieden ist.

---

[1]) Mitteilungen der Prüfungsanstalt für Heizungs- und Lüftungseinrichtungen Charlottenburg Heft 1 S. 48. Verlag R. Oldenbourg.

— 13 —

Es wurden deshalb das Staurohr ebenso wie die Thermoelemente verschiebbar angeordnet. Für jede Stellung des Staurohres ist h_d durch die Ablesungen am Mikromanometer gegeben, während sich ϱ aus der Temperatur an dieser Stelle und aus dem Barometerstand berechnen läßt.

D) Durchführung der Versuche.

Die Vorrichtung wurde in Betrieb gesetzt, indem der Ventilator angelassen und die ganze Heizung eingeschaltet wurde. Bei Erreichung der gewünschten Lufttemperatur wurde durch allmähliche Verminderung der Heizung der Beharrungszustand eingeregelt. Nach mehreren Stunden war dies erreicht, und es konnte zur Durchführung des Versuches übergegangen werden, die darin bestand, daß der Reihe nach sämtliche Meßgeräte abgelesen, dann alle verschiebbaren Thermoelemente und das Staurohr um einen Teilstrich aus ihrer Lage verschoben und wieder alle Ablesungen vorgenommen wurden und so fort. Die Reihenfolge der Ablesungen und die hierzu gehörigen Stellungen der Meßgeräte erkennt man am besten aus den Versuchsaufzeichnungen, von denen in Zahlentafel 1 der Versuch Nr. II als Beispiel wiedergegeben ist. »Außen« ist hierbei jene Stellung der verschiebbaren Thermoelemente, bei welcher sie ganz herausgezogen sind.

E) Die Auswertung der Versuche, und zwar des Versuches Nr. II als Beispiel.

1) Berechnung der mittleren Temperatur in den Querschnitten a, b, c, e, und d, Fig. 1.

Die Zahlentafel 1 zeigt, daß die Temperatur der Luft innerhalb eines jeden Querschnittes von der Rohrmitte nach der Wand abnimmt. In Fig. 12 und 13 ist als

Zahlentafel 1.

	Messung an den Stellen a, b .. III der Fig. 1									
	a	b	c	e	d	0	I	II	III	
Mitte	79,5	77,6	71,3	61,0	47,5	81,2	34,8	29,9	25,4	
	80,0	77,6	72,5	61,6	45,5	—	—	—	—	
	80,4	75,8	67,8	59,8	40,5	—	—	—	—	
innen	80,8	67,4	58,6	51,0	28,5	—	—	—	—	
	81,2	75,9	68,3	60,0	38,5	—	—	—	—	Ablesungen an den Geräten.
	79,8	77,8	72,2	60,8	46,5	—	—	—	—	
Mitte	80,0	78,2	73,8	61,8	52,0	—	—	—	—	
	80,3	77,8	72,7	60,2	52,0	—	—	—	—	
	81,2	75,0	69,1	56,0	43,0	—	—	—	—	
außen	80,0	66,0	60,5	48,5	35,0	—	—	—	—	
	81,1	75,0	69,0	55,8	43,0	—	—	—	—	
	80,0	77,3	72,5	60,0	49,0	—	—	—	—	
Mitte	79,6	77,9	73,2	61,8	49,0	81,9	34,8	30,0	25,7	
Mitte	315,0	308,2	286,0	249,5	—	321,0	152,0	133,0	115,0	
	317,0	308,2	290,0	251,0	—	—	—	—	—	
	318,2	302,0	270,0	245,3	—	—	—	—	—	
innen	319,5	271,8	240,5	212,5	—	—	—	—	—	
	320,7	302,0	275,0	246,0	—	—	—	—	—	Mit Hilfe der Eichkurve in °C übertragen.
	316,0	309,0	289,0	248,5	—	—	—	—	—	
Mitte	317,0	310,0	294,0	252,0	—	—	—	—	—	
	318,2	309,0	291,0	246,3	—	—	—	—	—	
	320,7	299,0	278,0	231,0	—	—	—	—	—	
außen	317,0	266,5	247,5	203,0	—	—	—	—	—	
	320,2	299,0	277,5	230,5	—	—	—	—	—	
	317,0	307,0	290,0	240,0	—	—	—	—	—	
Mitte	315,3	309,0	292,5	252,0	—	323,0	152,0	134,0	116,3	

Abszisse der Abstand von der Rohrachse als Ordinate die Temperatur aufgetragen. Die Kurve c_0, c_1, c_2, c_3, c_w gibt den Temperaturverlauf im Querschnitt c längs des Halbmessers wieder. Die Temperatur der äußersten Luftschicht ist gleich der Wandtemperatur, weil nur bei stark verdünnten Gasen ein Temperatursprung an der Trennungsfläche auftreten würde. (Nach den Lehren der kinetischen Gastheorie.) Die Temperaturverteilung im Querschnitt d, die später bei der Messung der Luftmenge benötigt werden wird, wird aus den Werten der übrigen Querschnitte durch Interpolation gefunden. Um aus diesen Angaben die mittlere Temperatur im Querschnitt zu berechnen, wenden wir folgendes Näherungsverfahren[1]) an. Wir teilen den Querschnitt in eine Anzahl (z. B. 5)

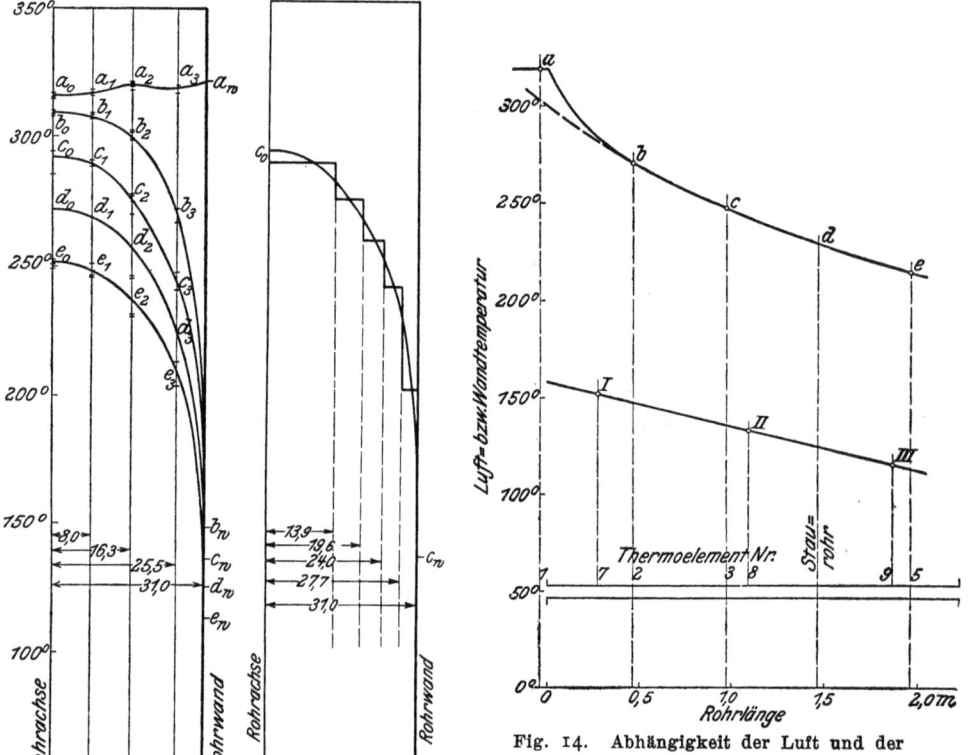

Fig. 12 und 13. Lufttemperaturen.
Abszissen: Abstand von der Achse. Ordinaten: Lufttemperaturen.

Fig. 14. Abhängigkeit der Luft und der Rohrwandtemperatur von der Rohrlänge. Abszissen: Rohrlängen. Ordinaten: Luft- und Wandtemperaturen.

flächengleiche Ringe und können innerhalb eines jeden Ringes die Temperatur näherungsweise unveränderlich setzen und aus der Zeichnung entnehmen, Fig. 13. Das arithmetische Mittel dieser Temperaturen ist die gesuchte mittlere Temperatur im Querschnitt. Ebenso wie es hier für den Querschnitt c durchgeführt ist, wurde die mittlere Temperatur auch für die Querschnitte a, b und e gefunden. Diese mittleren Temperaturen werden zusammen mit den Temperaturen der Rohrwand (Angaben der Thermoelemente Nr. I, II und III Zahlentafel 1) in ein Koordinatensystem eingetragen, dessen Abszissen die Entfernungen vom Rohranfang (also die Rohrlängen) und dessen Ordinaten die Temperaturen sind, Fig. 14.

---

[1]) Mitteilungen der Prüfungsanstalt für Heizungs- und Lüftungseinrichtungen Heft 1 S. 37 in der Fußnote.

— 15 —

Wir wollen vorerst den starken Abfall der Lufttemperatur zwischen den Meßstellen *a* und *b* unberücksichtigt lassen (vergl. später S. 21) und nur die Strecke zwischen den Meßstellen *b* und *d*, während welcher die Temperaturen der Luft und der Rohrwand regelmäßig sinken, in Rechnung ziehen.

Aus der Fig. 14 sowie aus den entsprechenden Zeichnungen für die übrigen Versuche lassen sich für jeden Versuch der mittlere Temperaturunterschied zwischen Luft und Wand und das Temperaturgefälle längs des Rohres entnehmen; diese Größen sind in Zahlentafel 2 zusammengestellt und beziehen sich nach obigem auf die Mitte der Strecke *bd*, also auf Stelle *c*, Fig. 1.

Zahlentafel 2.

	Nr. des Versuches	Lufttemperatur t_L °C	Wandtemperatur t_W °C	Unterschied $t_L - t_W$ °C	Temperaturgefälle auf 1 m $\frac{d t_L}{d l}$ °C	Luftgeschwindigkeit w m/sk
mit nicht isoliertem Versuchsrohr	VI	89,5	61,3	28,2	9,40	4,08
	VII	92,0	65,8	26,2	7,80	5,33
	X	95,4	69,2	26,2	7,20	8,15
	XX	99,5	78,5	21,0	6,46	11,23
	XI	95,2	72,9	22,3	4,64	12,96
	XXI	97,4	79,3	18,1	4,44	13,95
	VIII	187,0	108,5	78,5	29,80	4,23
	IX	192,0	117,0	75,0	23,52	5,33
	IV	191,7	118,5	73,2	23,20	6,34
	V	188,5	128,0	60,5	19,50	8,52
	XXII	197,0	141,0	56,0	17,08	11,20
	XII	191,7	136,0	55,7	16,68	12,00
	XXIII	199,0	146,0	53,0	16,38	13,28
	I	238,0	121,0	117,0	44,6	3,48
	II	248,5	136,0	112,5	41,2	4,80
	XIII	255,5	140,0	115,5	40,0	4,90
	III	278,0	172,0	106,0	33,6	9,60
	XXIV	294,0	192,5	101,5	33,0	11,05
	XXV	298,0	201,5	96,5	30,6	14,08
	XIV	328,0	168,0	160,5	63,0	4,65
	XV	325,5	170,0	155,5	58,8	4,97
	XVI	325,0	172,5	152,5	59,8	5,43
mit leicht isoliertem Versuchsrohr	XVII	305,0	249,0	56,0	22,00	4,31
	XVIII	301,0	252,5	48,5	20,80	5,07

Zahlentafel 3.

	Stellung des Staurohres												
	Mitte		innen		Mitte		außen						Mitte
Ablesung am Mikromanometer (mit Berichtigung)	49,2	46,4	40,6	29,6	38,6	45,3	50,5	50,5	41,8	34,0	43,1	49,2	50,9
dynamischer Druck der Luft an der Stelle des Staurohres mm W.-S.	0,984	0,928	0,812	0,592	0,772	0,906	1,010	1,010	0,836	0,680	0,862	0,984	1,018
Temperatur der Luft an der ⎫ °C ⎬ Stelle des Staurohres ⎭ °C abs.	272	268	251	213	251	268	272	268	251	230	251	268	272
	545	541	524	486	524	541	545	541	524	503	524	541	545
spezifisches Gewicht der Luft an der Stelle des Staurohres	0,610	0,614	0,634	0,683	0,634	0,614	0,610	0,614	0,634	0,683	0,634	0,614	0,610
Wert: $2 g h d \varrho$	11,77	11,15	10,10	7,93	9,60	10,90	12,08	12,15	10,39	8,80	10,72	11,85	12,18
Wert: $\sqrt{2 g h d \varrho} = \frac{dG}{dF}$	3,43	3,34	3,18	2,82	3,10	3,30	3,48	3,49	3,22	2,97	3,28	3,44	3,49

2) Berechnung des in der Stunde den Querschnitt durchströmenden Luftgewichtes für den Versuch II.

In Zahlentafel 3 sind die Angaben des Versuches über den dynamischen Druck der Luft sowie die übrigen Werte zur Berechnung der Formel S. 12 für die Größe dG angegeben.

Trägt man die Werte $\frac{dG}{dF}$ abhängig vom Abstand von der Achse auf, Fig. 15, so erhält man Kurven, die den Temperaturkurven der Fig. 12 und 13 ähnlich sind. Um die gesamte das Rohr durchströmende Luftmenge zu be-

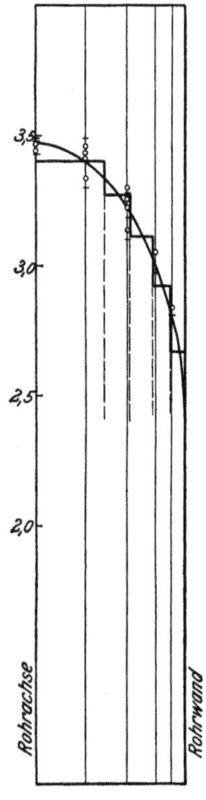

Fig. 15. Abszissen: Abstand von der Achse. Ordinaten: Luftgewicht durch die Flächeneinheit $\frac{dG}{dF}$.

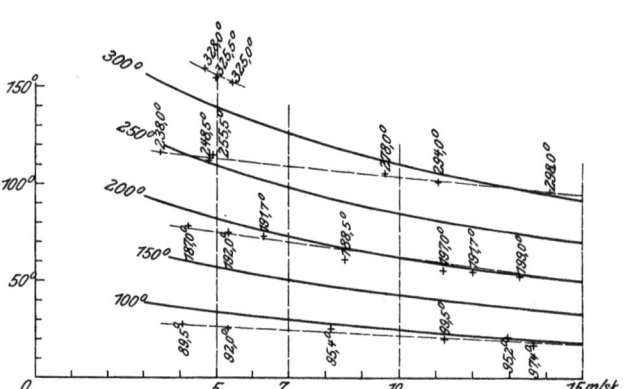

Fig. 16. Abszissen: Luftgeschwindigkeit. Ordinaten: Lufttemperaturen minus Wandtemperaturen.

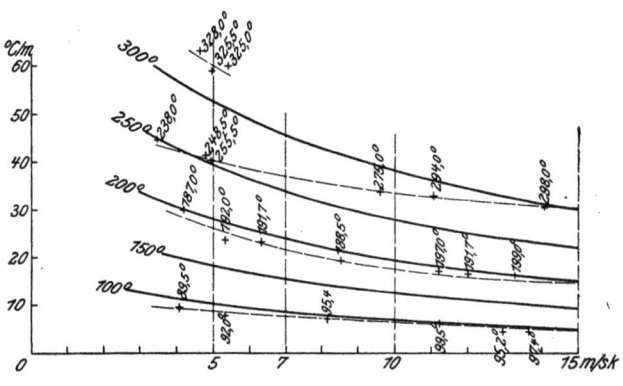

Fig. 17. Abszissen: Strömungsgeschwindigkeiten. Ordinaten: Temperaturgefälle der Luft längs des Rohres in °C für 1 m.

stimmen, multipliziert man die Fläche des Rohrquerschnittes mit dem Mittelwert aller $\frac{dG}{dF}$, der in derselben Weise bestimmt wird, wie früher die mittlere Temperatur des Querschnittes. Aus dem sekundlichen Luftgewicht G läßt sich unter Berücksichtigung des Rohrquerschnittes F und des mittleren spezifischen Gewichtes der Luft ϱ die Geschwindigkeit der Luft in m/sk berechnen.

$$w = \frac{G}{F\varrho}.$$

3) Berechnung des Wertes der Wärmeübergangzahl.

Zahlentafel 2 enthält alle zur Berechnung von α nach der Gl. (1e) S. 6 nötigen Größen für sämtliche Versuche. T_G die Gastemperatur geht hier über in T_L, die Lufttemperatur. Die Versuche sind gruppenweise so zusammen gestellt, daß diejenigen mit annähernd gleicher mittlerer Lufttemperatur vereinigt sind. Da es nicht möglich war, die Temperatur der Luft genau auf 100, 200 und 300° einzuregeln, so wurden nachträglich die in Zahlentafel 2 enthaltenen Werte für diese Temperaturen umgerechnet. Fig. 16 gibt die Werte $t_L - t_W$ für die verschiedenen Lufttemperaturen abhängig von der Luftgeschwindigkeit wieder.

Auf zeichnerischem Weg wurden in dieser Darstellung die Isothermen für 100, 150, 200, 250 und 300° auf Grund der Versuchswerte eingetragen mit Hülfe eines (nicht wiedergegebenen) Schaubildes mit Lufttemperatur als Abszissen und $t_L - t_W$ als Ordinaten.

Ebenso wurden in Fig. 17 die Werte $\frac{dt_L}{dl}$ für dieselben Lufttemperaturen abhängig von der Geschwindigkeit auf Grund der Versuchswerte eingetragen. Damit sind alle Größen zur Bestimmung der Wärmeübergangzahl mit Hülfe der Gl. (1e) S. 6 gegeben:

Zahlentafel 4.

t_L °C	T_L	ϱ	c_p	$\frac{D}{4}$ 3600	55,8 ϱ c_p
100	373	0,891	0,238	55,8	11,85
150	423	0,785	0,239	»	10,49
200	473	0,702	0,239	»	9,36
250	523	0,635	0,239	»	8,46
300	573	0,580	0,240	»	7,77

Zahlentafel 5.

Zeile der Zahlentafel	Lufttemperatur t_L °C	Luftgeschwindigkeit w m/sk	Wandtemperatur t_W °C	Unterschied $t_L - t_W$ °C	Temperaturgefälle $\frac{dt_L}{dl}$ °C	Wert $3600 \frac{D}{4} \varrho c_p$	α	log α
1	100	5	66,4	33,6	10,20	11,85	18,00	1,255
2	»	7	70,0	30,0	8,66	»	24,00	1,380
3	»	10	75,0	25,0	6,90	»	32,70	1,515
4	»	15	81,5	18,5	4,84	»	46,50	1,667
5	150	5	93,8	56,2	18,20	10,49	16,98	1,230
6	»	7	99,9	50,1	15,40	»	22,54	1,353
7	»	10	107,5	42,5	12,58	»	31,04	1,492
8	»	15	116,8	33,2	9,34	»	44,20	1,645
9	200	5	118,5	81,5	27,90	9,36	16,00	1,204
10	»	7	127,5	72,5	23,80	»	21,50	1,332
11	»	10	138,0	62,0	19,50	»	29,44	1,469
12	»	15	149,8	50,2	15,00	»	42,10	1,624
13	250	5	141,0	109,0	39,20	8,46	15,20	1,182
14	»	7	152,2	97,8	33,70	»	20,40	1,310
15	»	10	165,2	84,8	27,90	»	27,84	1,445
16	»	15	179,8	70,2	22,00	»	39,80	1,600
17	300	5	161,0	139,0	52,4	7,77	14,62	1,165
18	»	7	174,5	125,5	45,4	»	19,68	1,294
19	»	10	190,0	110,0	38,0	»	26,82	1,428
20	»	15	208,0	92,0	30,2	»	38,24	1,583
21	300	5	249,8	50,2	21,0	7,77	16,26	1,211

— 18 —

$$\alpha = \frac{3600 D}{4} \varrho c_p \frac{w}{t_L - t_W} \frac{d t_L}{d l} \frac{\text{WE}}{\text{st }^0\text{C m}^2};$$

Zahlentafel 4 ist eine Hülfszahlentafel zum Auswerten obiger Gleichung, und Zahlentafel 5 bildet eine Zusammenstellung von zahlenmäßigen Ergebnissen der obigen Gleichung für verschiedene Strömungszustände, d. h.: eine Zusammenstellung der Werte α für die in der 2., 3. und 4. Spalte gekennzeichnete Strömung.

In Fig. 18 sind die Werte der Zahlentafel 5 eingetragen, und zwar im ersten Quadranten die Abhängigkeit des α von der Geschwindigkeit und der Lufttemperatur, im zweiten Quadranten die Abhängigkeit der Wandtemperatur

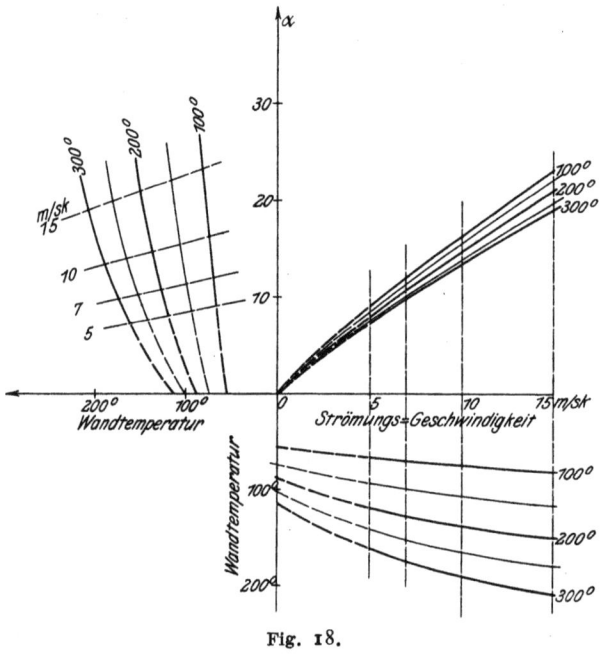

Fig. 18.

von der Geschwindigkeit und der Lufttemperatur und im dritten Quadranten die Abhängigkeit des α von der Wandtemperatur, Lufttemperatur und Geschwindigkeit.

Außer den bisher erwähnten Versuchen sind noch zwei weitere Versuche durchgeführt worden (Nr. XVII und XVIII der Zahlentafel 2) mit 300° Lufttemperatur und 5 m/sk Luftgeschwindigkeit. Bei diesen Versuchen war die Wandtemperatur im Vergleich zu den früheren Versuchen mit derselben Lufttemperatur und Luftgeschwindigkeit dadurch erhöht worden, daß das Versuchsrohr mit einer dünnen Lage von Seidenzöpfen isoliert war. Die Zahlenwerte dieser Versuche sind in der letzten Zeile der Zahlentafel 5 zusammengestellt.

F) Die Besprechung der Versuchsergebnisse.

Zu diesem Zweck erinnern wir uns daran, daß die Nußeltsche Formel sich in der folgenden Weise schreiben ließ (vergl. S. 6):

$$\alpha = \frac{15{,}90 \cdot 273^{2m-1}}{D^{1-m}} (\varrho_0^m c_p^m \lambda_0^{1-m}) T_W^1 T_G^{-2m} w^m.$$

Hierbei sind die Werte c_p, λ_0 und ϱ_0 auf die Temperaturen 0^0 C $= 273^0$ abs. zu beziehen. Wir wenden die Gleichung auf Luft an und betrachten vor-

erst die Exponenten von T_W und T_G als unbekannt, dann können wir schreiben:
$$\alpha = A_\text{Luft}\, T_G{}^y\, T_W{}^x\, w^m.$$

Von dem Exponenten m wissen wir, daß er unabhängig ist von der Art des strömenden Gases, von Druck und Temperatur, ja er ist sogar, wie uns die Versuche von Soennecken[1]) zeigen, für Wasser von annähernd derselben Größe als für Gase.

1) **Abhängigkeit des α von der Strömungsgeschwindigkeit und der Rohrwandtemperatur.**

Betrachten wir Zahlentafel 5, so sehen wir die Versuche mit gleicher Gastemperatur gruppenweise zusammengestellt. Für jede dieser Gruppen ist dann $A T_G{}^y$ unveränderlich $= B$, also
$$\alpha = B\, T_W{}^x\, w^m.$$

x sei uns vollständig unbekannt, während wir von m annähernd seine Größe kennen. Wir wollen $m = 0{,}81$ schätzen. Nachträglich werden wir dann beweisen, daß der Wert richtig geschätzt wurde.

Stellt man die obengenannte Gleichung für je 2 Versuche derselben Gruppe auf, z. B. Zeile 11 und 9 der Zahlentafel 5, so erhält man
$$29{,}44 = B_{200^0} \cdot (273 + 138)^x \cdot 10^{0{,}810},$$
$$16{,}00 = B_{200^0} \cdot (273 + 119)^x \cdot 5^{0{,}810}.$$

Durch Teilung der beiden Gleichungen durcheinander und Auswertung nach x erhält man
$$x = 1{,}04 \text{ bei einer Wandtemperatur } \frac{119 + 138}{2} = 128^0 \text{ C}.$$

Führt man diese Rechnung für je 2 Versuche einer Gruppe durch, so erhält man die in Fig. 19 dargestellten Werte von x. Man erkennt daraus, daß der Exponent der Rohrwandtemperatur nicht unveränderlich ist, sondern mit steigender Wandtemperatur abnimmt.

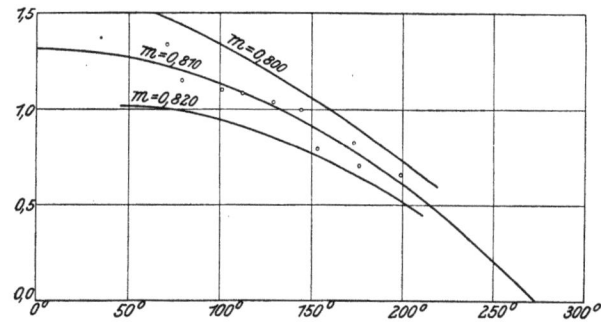

Fig. 19. Abszissen: Wandtemperaturen. Ordinaten: Exponenten x.

Außer dem bisher erwähnten Weg x, zu berechnen, gibt es noch einen anderen Weg, welcher die Schätzung des Exponenten m vermeidet. Zeile 17 und 21 der Zahlentafel 5 kennzeichnen 2 Versuchszustände mit gleicher Gastemperatur und gleicher Strömungsgeschwindigkeit, aber verschiedener Wandtemperatur infolge Isolierung des Versuchsrohrs im einen Fall. Für diese Strömungszustände gelten die beiden Gleichungen
$$16{,}26 = B_{300^0} \cdot (273 + 250)^x \cdot 5^{0{,}810},$$
$$14{,}62 = B_{300^0} \cdot (273 + 161)^x \cdot 5^{0{,}810}.$$

---

[1]) A. Soennecken, Dissertation, München 1910. Mitteil. über Forschungsarb. Heft 108/109.

Daraus $x = 0{,}575$ bei einer Wandtemperatur von $\frac{161+250}{2} = 206^\circ$ C. Der Umstand, daß dieser Wert mit den bisher gefundenen Werten von x in Uebereinstimmung ist, liefert den Beweis dafür, daß m wirklich gleich $0{,}81$ ist. Zum Vergleiche sind noch die Werte, die man erhalten würde, wenn man $m = 0{,}80$ und $0{,}82$ setzen würde, in Fig. 19 eingetragen.

2) **Abhängigkeit des α von der Gastemperatur.**

Zu diesem Zwecke müssen wir Versuchszustände vergleichen, die gleiche Rohrwandtemperatur aber verschiedene Gastemperatur haben. Hierbei wird auch die Strömungsgeschwindigkeit verschieden sein. Für je 2 solcher Strömungszustände gelten dann die Gleichungen:

$$\alpha_1 = C_W\, T_{G1}{}^y\, w_1{}^m \quad \text{und} \quad \alpha_2 = C_W\, T_{G2}{}^y\, w_2{}^m;$$
$$\log \alpha_1 = \log C_W + y \log T_{G1} + 0{,}810 \log w_1$$
$$\log \alpha_2 = \log C_W + y \log T_{G2} + 0{,}810 \log w_2$$
$$y = \frac{\log \alpha_1 - \log \alpha_2 - 0{,}810\,(\log w_1 - \log w_2)}{\log T_{G1} - \log T_{G2}}.$$

Von diesem Gedanken ausgehend, ist Fig. 20 mit Hülfe der Zahlentafel 5 zusammengestellt. Als Abszissen sind die Rohrwandtemperaturen, als Ordinaten die Werte $\log \alpha$ aufgetragen. Die Punkte gleicher Strömungsgeschwindigkeiten

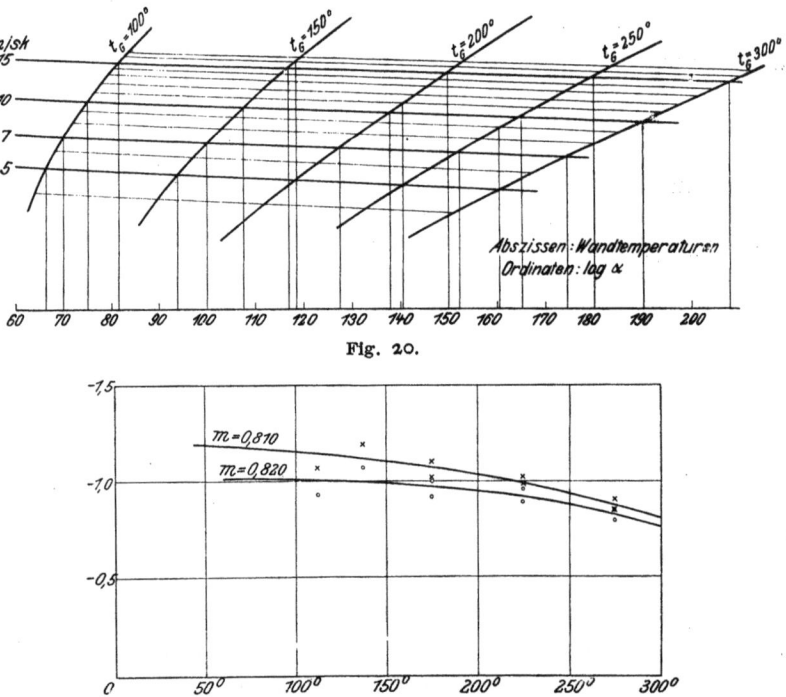

Fig. 21. Abszissen: Gastemperaturen. Ordinaten: Exponent $(-y)$.

und gleicher Gastemperaturen sind durch Kurven unter sich verbunden. Die Schnittpunkte jeder Senkrechten ($t_W = $ konst) mit den Kurven $w = $ konst und $t_G = $ konst geben die zum Berechnen der Gleichungen nötigen Werte.

Durch Ausrechnung dieser Gleichung ergaben sich die Werte für y, wie sie in Fig. 21 eingetragen sind. Es zeigt sich, daß auch der Exponent der Gastemperatur nicht unveränderlich ist, er ist innerhalb des untersuchten Bereiches negativ und nimmt mit zunehmender Lufttemperatur seinem Zahlenwerte nach ab.

3) Abhängigkeit des α von der Rohrlänge.

Fig. 12 und 14 geben eine Bestätigung und zugleich eine Veranschaulichung der von Nußelt in seiner zweiten Arbeit über den Wärmeübergang gefundenen Tatsache, daß sich die Wärmeübergangzahl mit der Rohrlänge wie folgt ändert:

Fig. 12 kennzeichnet einen Versuch, bei dem die Luft mit einer über den ganzen Querschnitt gleichen Temperatur (rd. 320° C) aus der Beruhigungsstrecke austritt. Beim Uebertritt in das Versuchsrohr kommt die äußerste Schicht der Luft in unmittelbare Berührung mit der etwa 170° kühleren Wand des Versuchsrohres. Sie wird sofort ihre ganze Wärme an die Wand abzugeben suchen infolge eines theoretisch unendlich starken Temperaturgefälles an der Wand im Eintrittsquerschnitt. Dem entspricht der unendlich große Wert α_{max}, wie ihn Nußelt für die Rohrlänge $x = 0$ bei gleichmäßiger Eintrittstemperatur findet. Durch dieses steile Temperaturgefälle werden die nächstgelegenen Schichten gezwungen, ihre Wärme rasch an die Außenschicht und durch diese an die Rohrwand abzugeben, wodurch rückwirkend eine Verflachung des Temperaturgefälles längs des Halbmessers und eine Minderung der Wärmeabgabe hervorgerufen wird.

Fig. 12 zeigt uns, daß sich der radiale Temperaturverlauf zwischen den Meßstellen a und b vollständig, und zwar im oben erwähnten Sinne verändert hat und von der Meßstelle b bis an das Ende des Rohres im wesentlichen erhalten bleibt.

Fig. 14 gibt uns den Vorgang ebenfalls, wenn auch weniger deutlich wieder, indem sie zwischen a und b ein sehr starkes und zwischen b und c ein ziemlich gleichmäßiges Sinken der mittleren Querschnittstemperatur erkennen läßt.

Wir wollen jetzt aus dem Temperaturverlauf längs des Rohres den Wert α für die einzelnen Teilstrecken ab, bc, cd und de berechnen und wollen hierzu die Versuchsangaben, die in untenstehender Zahlentafel zusammengestellt sind, und die Gleichung S. 18 benutzen:

$$\alpha = \frac{3600\,D}{4}(w\varrho)\,c_p\,\frac{1}{t_L-t_W}\frac{dt_L}{dl} = 40{,}6\,\frac{1}{t_L-t_W}\frac{dt_L}{dl}.$$

Strecke	Länge der Strecke m	Eintritts-temperatur °C	Austritts-temperatur °C	Temperatur-gefälle für 1 m °C	mittlere Luft-temperatur °C	mittlere Wand-temperatur °C	Unter-schied °C	Wärme-übergangs-zahl α
ab	46,5	318,8	271,1	102,5	295	153	142	29,3
bc	50,8	271,1	248,0	46,5	259	141	118	16,0
cd	49,0	248,0	230,3	36,1	239	130	109	13,5
de	49,7	230,3	215,3	30,2	222	119	103	11,9

Aus der letzten Spalte der Zahlentafel ersieht man, daß die Wärmeübergangzahl vom ersten halben Meter Rohrlänge zum zweiten halben Meter fast auf die Hälfte des Betrages gesunken ist und im weiteren Verlauf des Rohres nur mehr wenig sinkt. Diese Aenderung des α von b bis e ist keine alleinige Folge der von Nußelt geschilderten Erscheinung, sondern wird auch durch die Aenderung der Rohrwandtemperatur verursacht.

G) Aufstellung einer empirischen Gleichung.

Die beiden Exponenten x und y könnten als Funktionen von Wand- und Lufttemperatur dargestellt und in dieser Gestalt in die abgeänderte Nußeltsche Gleichung S. 19 eingeführt werden. Diese Formel würde dadurch jedoch für praktische Verwendung viel zu umständlich zu handhaben sein. Es soll deshalb eine rein empirische Gleichung aufgestellt werden.

Der Wert α in Gl. (1e) S. 6 ist eine Funktion der Größen T_W, T_G, ϱ und w, welche sich längs des Rohres ändern. Es wird sich also auch deshalb α längs des Rohres ändern. Die Größen c_p, D und $w\varrho$ in der Nußeltschen Formel sind längs eines zylindrischen Rohres unveränderlich. Das Produkt $w\varrho$ ist wegen der Kontinuitätsbedingung stets gleich $\frac{G}{F}$.

Dementsprechend kann man die Nußeltsche Formel schreiben:

$$\alpha = \frac{15{,}90 \cdot 273^{m-1}}{D^{1-m}} c_{p0}^m \lambda_0^{1-m} f_1(T_W) f_2(T_G)(w\varrho)^m = X(w\varrho)^m.$$

Wir wollen nun aus den Versuchswerten (Zahlentafel 5) die Werte X für die verschiedenen Wandtemperaturen und die verschiedenen Lufttemperaturen berechnen. Zahlentafel 6 zeigt den Gang dieser Rechnung.

Zahlentafel 6.

Lufttemperatur t_L °C		5 m/sk	7 m/sk	10 m/sk	15 m/sk
100	$\alpha =$ $(w\varrho)^m =$ $X =$	18,00 3,681 · 0,911 5,36	24,00 4,831 · 0,911 5,47	32,70 6,457 · 0,911 5,54	46,50 8,974 · 0,911 5,70
150	$\alpha =$ $(w\varrho)^m =$ $X =$	16,98 3,681 · 0,822 5,60	22,54 4,831 · 0,822 5,68	31,04 6,457 · 0,822 5,86	44,20 8,974 · 0,822 5,98
200	$\alpha =$ $(w\varrho)^m =$ $X =$	16,00 3,681 · 0,751 5,78	21,50 4,831 · 0,751 5,90	29,44 6,457 · 0,751 6,08	42,10 8,974 · 0,751 6,24
250	$\alpha =$ $(w\varrho)^m =$ $X =$	15,20 3,681 · 0,692 5,96	20,40 4,831 · 0,692 6,10	27,84 6,457 · 0,692 6,24	39,80 8,974 · 0,692 6,42
300	$\alpha =$ $(w\varrho)^m =$ $X =$	14,62 3,681 · 0,634 6,18	19,68 4,831 · 0,643 6,34	26,82 6,457 · 0,643 6,46	38,24 8,974 · 0,643 6,64
300	$\alpha =$ $(w\varrho)^m =$ $X =$	16,26 3,681 · 0,643 6,88	—	—	—

Diese Werte für X sind in Fig. 22 als Funktionen der Wandtemperatur T_W eingetragen und ergeben Kurven gleicher Gastemperatur. Diese Kurven müssen bei $T_W = 546°$ abs. eine wagerechte Tangente und bei $T_W = 406°$ abs. eine Tangente, die durch den Ursprung des Koordinatensystems geht, besitzen, weil bei diesen Temperaturen der Exponent x von T_W den Wert 0 bezw. 1 besitzt (vergl. Fig. 19).

Wir betrachten zuerst die Kurve $T_L = 573°$ abs. Fassen wir sie als Parabel auf, deren Achse die Ordinate bei $T_W = 546°$ abs. ist, so lautet ihre Gleichung:

$$(546 - T_W)^2 = 17200 \, (6{,}90 - X);$$

die übrigen Kurven $T_L = $ konst können wir ebenfalls als Parabeln auffassen, und zwar als solche, die der 573⁰-Parabel kongruent sind und deren Scheitel um jeweils einen kleinen Betrag nach oben gerückt sind. Ihre Gleichungen lauten im einzelnen:

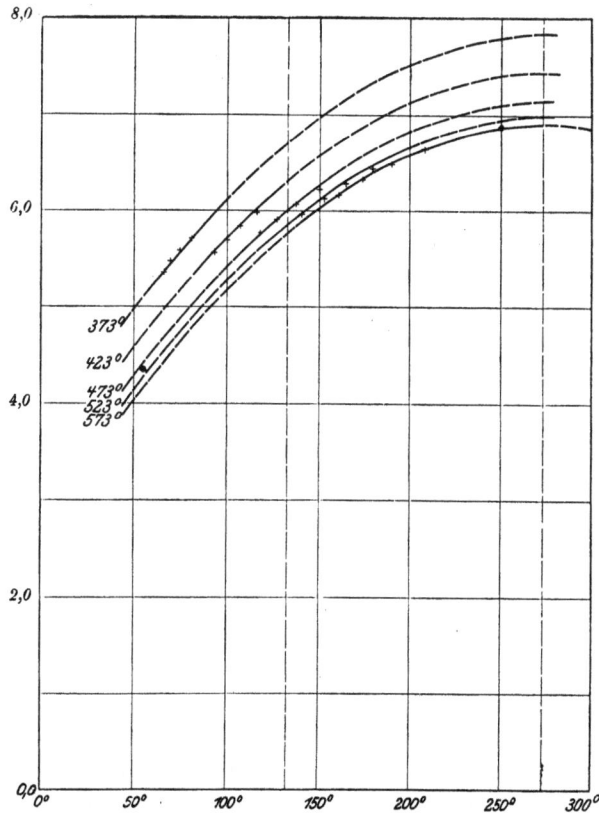

Fig. 22. Abszissen: Wandtemperaturen °C. Ordinaten: Werte X der Gleichung auf Seite 22.

$$573° \quad (546 - T_W)^2 = 17\,200\,(6{,}90 - X)$$
$$523° \quad (546 - T_W)^2 = 17\,200\,(6{,}98 - X)$$
$$473° \quad (546 - T_W)^2 = 17\,200\,(7{,}14 - X)$$
$$423° \quad (546 - T_W)^2 = 17\,200\,(7{,}44 - X)$$
$$373° \quad (546 - T_W)^2 = 17\,200\,(7{,}84 - X),$$

im allgemeinen:
$$T_L \;\|\; (546 - T_W)^2 = 17\,200\,(f(T_L) - X).$$

Für $f(T_L)$ läßt sich die Gleichung aufstellen:
$$f(T_L) = 6{,}44 + \frac{140}{T_L - 273}.$$

Die Gleichung für X heißt dann:
$$X = 6{,}44 + \frac{140}{T_L - 273} - \frac{(546 - T_W)^2}{17\,200} = 6{,}44 + \frac{140}{t_L} - \frac{(273 - t_W)^2}{17\,200}.$$

Es soll hier hervorgehoben werden, daß die Zahlenwerte 273 in diesen Formeln mit der absoluten Temperaturskala in keinem ursächlichen Zusammenhang stehen, sondern nur zufällig in der Formel auftreten.

Mit Hülfe dieser Beziehung für X lautet die Gleichung für α:
$$\alpha = \left(6{,}44 + \frac{140}{T_L - 273} - \frac{(546 - T_W)^2}{17\,200}\right)(w\varrho)^m \quad \ldots \quad (2),$$

und zwar bezieht sich dieser Ausdruck auf das zum Versuch verwendete Rohr vom Durchmesser 0,062 m. Um auf den Durchmesser 1 überzugehen, benutzen wir die von Nußelt auf theoretischem Wege gefundene Beziehung:

$$\alpha_1 = \frac{1}{D^{1-m}} a_1; \quad D^{1-m} = 0{,}062^{0{,}190} = 0{,}591.$$

Die endgültig aus den Versuchen hervorgehende Gleichung lautet:

$$\alpha_1 = \left(3{,}81 + \frac{82{,}8}{T_L - 273} - \frac{(546 - T_W)^2}{29\,100}\right) \frac{(w\varrho)^m}{D^{1-m}} \quad \ldots \quad (3\,\text{a})$$

oder

$$\alpha_1 = \left(3{,}81 + \frac{82{,}8}{t_L} - \frac{(273 - t_W)^2}{29\,100}\right) \frac{(w\varrho)^m}{D^{1-m}} \quad \ldots \quad (3\,\text{b}).$$

Sie gibt die Abhängigkeit der Wärmeübergangzahl von den in der Gleichung angegebenen Größen wieder und bezieht sich auf Luft von ungefähr Atmosphärendruck und auf ein Rohr von der ungefähren Rauhigkeit des beim Versuch verwendeten nahtlos gezogenen Stahlrohres. Sie ist innerhalb des Bereiches $t_W = 75°$ bis $250°$ C und $t_L = 100°$ bis $325°$ C durch den Versuch begründet und kann je nach der geforderten Genauigkeit auf ein Gebiet ungefähr folgender Größe ausgedehnt werden:

$$t_W = 0° \text{ bis } 300° \text{ C und } t_L = 0° \text{ bis } 350° \text{ C}.$$

Zusammenfassung.

Im ersten Teil der Arbeit sind die Strömungsgleichungen der Thermodynamik für Gase im Fall der Strömung mit Wärmeübertragung entwickelt und die Bedingungen angegeben, unter denen die Verwendung einfacherer Formen der Strömungsgleichung berechtigt ist. Daran anschließend ist unsere bisherige Kenntnis der Wärmeübergangzahl für Luft in Rohrleitungen besprochen. Den Hauptraum nimmt die Besprechung der Versuchseinrichtung, der Art der Durchführung und der Art der Auswertung der Versuche ein. Im Abschnitt »Besprechung der Versuchsergebnisse« wird die Abhängigkeit des Wärmeüberganges von der Strömungsgeschwindigkeit nach einer Potenzfunktion bestätigt und der Exponent zu 0,81 gefunden. Von der Abhängigkeit des Wärmeüberganges von der Luft- und Rohrwandtemperatur wird gezeigt, daß sie sich nur durch Potenzfunktionen darstellen lassen, deren Exponent selbst mit der Temperatur veränderlich ist. Bezüglich der Abhängigkeit des Wärmeüberganges von der Rohrlänge wird die Nußeltsche Rechnung bestätigt, wonach die Wärmeübergangzahl mit zunehmender Rohrlänge von einem Höchstwert am Anfang des Rohres rasch abnimmt und sehr bald einen längs des Rohres annähernd gleichbleibenden Kleinstwert erreicht. Den Schluß bildet die Aufstellung einer Erfahrungsgleichung für α auf Grund der Versuchsergebnisse. Sie lautet:

$$\alpha = \left(3{,}81 + \frac{82{,}8}{t_L} - \frac{(273 - t_W)^2}{29\,100}\right) \frac{(w\varrho)^m}{D^{1-m}}.$$

In dieser Formel bedeutet:

α_1 die Wärmeübergangszahl in $\frac{\text{WE}}{\text{m}^2 \,°\text{C st}}$,

t_L die Temperatur der Luft in °C,

t_W » » » Rohrwand in °C,

w die Strömungsgeschwindigkeit der Luft in m/sk,

ϱ das spezifische Gewicht der Luft in kg/m³,

D der Durchmesser des Rohres in m,

m ein Zahlenwert für das untersuchte Rohr $= 0{,}81$.

Die Formel ist durch den Versuch bestätigt für ein Rohr vom Durchmesser $D = 0{,}062$ m und für die Temperaturen $t_W = 75 - 250$ °C und $t_L = 100 - 325$ °C.

Ein technisches Verfahren zur Ermittlung der Wärmeleitfähigkeit plattenförmiger Stoffe.

Von Dipl.-Ing. Richard Poensgen.

(Mitteilung aus dem Laboratorium für technische Physik der Kgls Technischen Hochschule München.)

A) Frühere Versuchseinrichtungen.

Die wachsende technische Wärmeökonomik — sei es in der Kälteindustrie, sei es bei dampfmaschinellen Anlagen oder auf dem Gebiete der Heiztechnik — führte im letzten Jahrzehnt zu einer raschen Entwicklung der älteren physikalischen Verfahren zur Bestimmung der Wärmeleitfähigkeit einzelner Stoffe nach der technischen Seite hin.

In den Jahren 1905 und 1906 hat Nußelt im Laboratorium für technische Physik der Königl. Technischen Hochschule München ein theoretisch einwandfreies und dabei technisch anwendbares Verfahren zur Untersuchung fester und loser Stoffe ausgearbeitet und im Jahre 1908 veröffentlicht[1]. In seiner Abhandlung findet sich die kurze Zusammenstellung und kritische Beleuchtung der verschiedenen bis dahin üblichen Versuchsanordnungen und eine große Reihe von Versuchsergebnissen.

Sein eigenes Verfahren war Folgendes: Er schichtete den zu prüfenden Stoff, wenn er Pulverform besaß, in einer Hohlkugel, und wenn es fest war, in einem Hohlwürfel auf. Im Mittelpunkte dieser Körper befand sich eine elektrisch geheizte Kugel, die Außenwände waren von Luft oder Wasser umspült. Die Wärmemenge, die von der Heizkugel ausging, die Temperaturen an einzelnen Stellen der Körper und deren Größen konnten gemessen und damit die Wärmeleitzahl berechnet werden.

Die Nußeltschen Anordnungen wurden besonders zur Prüfung von Wärmeisolierstoffen verwendet, die nach allen Richtungen von gleicher Beschaffenheit sind, bei denen es also nicht auf eine bestimmte Richtung des Wärmedurchganges ankommt, und die ferner in beliebiger Stärke eingebaut werden können.

Später wurde von Dr.-Ing. H. Gröber im gleichen Laboratorium ein Verfahren zur Untersuchung dünner, plattenförmiger Körper ausgearbeitet[2]. Seine

---

[1] Dr.-Ing. W. Nußelt, »Die Wärmeleitfähigkeit von Wärmeisolierstoffen«, Dissertation München 1908, Mitteilungen über Forschungsarbeiten Heft 63 und 64 S. 1 1909; Z. d. V. d. I. 1908 S 906.

[2] Dr.-Ing. H. Gröber, »Die Wärmeleitfähigkeit von Isolier- und Baustoffen«, Mitteilungen über Forschungsarbeiten Heft 104 S. 49 1911; Z. d. V. d. I. 1910 S. 1319.

Vorrichtung war so zusammengesetzt, daß zwei Scheiben gleicher Stärke aus dem zu untersuchenden Stoffe (etwa Fußbodenbelag) einen plattenförmigen, elektrischen Heizkörper beiderseits bedeckten, während sie auf der anderen Seite von je einer wasserdurchflossenen Platte gekühlt wurden. Die Wärme strömte also von der Heizplatte durch den Versuchsstoff nach außen zu den Kühlkörpern.

Aus der zugeführten elektrischen Energie während des Dauerzustandes wird die durchgehende Wärmemenge berechnet. Mittels aufgelöteter Thermoelemente wird die Temperatur der Plattenoberflächen gemessen. Mit Einführung der Plattenabmessungen ergibt sich die Gleichung für die Wärmeleitzahl.

B) Neuere Versuchseinrichtungen.

Die Gröbersche Anordnung ist in ihrer ursprünglichen Form nur zur Untersuchung dünner Platten oder verhältnismäßig gut leitender Stoffe geeignet. Die mit ihrer Hülfe gewonnene Leitzahl λ setzt nämlich voraus, daß durch die Mantelflächen der zylindrischen Untersuchungsplatten und der Heizplatte keine Wärme austritt. Diese Wärmemenge kann aber gegenüber der durch die Platten selbst hindurchwandernden nur dann vernachlässigt werden, wenn die Platten dünn und daher ihre Mantelflächen klein sind, oder wenn sie die Wärme gut leiten, weil dann der Wärmeverlust durch die Mantelflächen wenigstens prozentual klein ist gegenüber dem Wärmestrom durch die Platten.

Die Versuchseinrichtung mußte daher verändert werden, wenn beliebig dicke Platten eingebaut werden sollten, oder wenn ihre Wärmeleitzahl verhältnismäßig klein war.

Man mußte bestrebt sein, seitliche Wärmeverluste unmöglich zu machen. Das ist dann der Fall, wenn jedem Punkte der Mantelflächen ein Punkt gleicher Temperatur in der Umgebung gegenübersteht, so daß ein Wärmegefälle nicht vorhanden ist. Eine solche Temperaturverteilung wird erreicht, wenn man die den Probekörper umgebenden Teile so heizt oder kühlt, daß ihre Oberflächentemperaturen gleich jenen der benachbarten Oberflächenpunkte des Probekörpers sind.

Dieses »Heizringsystem« zeigt eine unlängst veröffentlichte Einrichtung[1]), bei der die zu prüfende Platte auf der einen Seite von zwei konzentrischen, dampfgeheizten Kammern begrenzt ist. Die äußere dient gleichzeitig als Schutz vor Wärmeverlust aus der inneren Kammer und als Heizung der Außenteile der Probeplatte, die innere gibt Wärme durch die Platte zu der wassergekühlten Seite derlletzteren hin ab. Die durchgegangene Wärmemenge wird aus dem Kondensatgewicht der mittleren Dampfkammer und den Abmessungen der Platte ermittelt.

Im Conservatoire National des Arts et Métiers in Paris ist eine ähnliche Vorrichtung[2]) in Betrieb, bei der die eine Seite des Versuchskörpers durch strömendes Wasser geheizt, die andere mit Eis gekühlt wird. Die Schmelzwassermenge, die sich an einem in der Mitte der Platte abgegrenzten Stücke bildet, ist ein Maß für die Leitfähigkeit des betreffenden Stoffes.

Viel genauere Messungen erlaubt die Anwendung des elektrischen Stromes als Heizenergiequelle. So baut Fr. Bacon[3]) zwischen zwei Probeplatten eine

---

[1]) Friedr. Rud. Metz und A. Behm, »Neue Apparate zur Bestimmung der Wärmeleitungskoeffizienten.« Ber. über den II. internationalen Kältekongreß, Wien 1910 Bd. II S. 193.

[2]) R. Biquard, »L'éfficacité des divers moyens d'isolement thermique des locaux frigorifiques. — Essays sur la conductibilité calorifique.« Ber. über den II. internationalen Kältekongreß, Wien 1910 Bd. II S. 187.

[3]) Frederic Bacon, The testing of heat-insulating materials. The Electrician Bd. 65 S. 938.

kleinere elektrische Heizfläche und füllt den übrig bleibenden Rand mit Filz aus. Die Temperatur wird an jeder Probetafelseite durch elektrische Widerstandsmessung in einem feinen Drahtgewebe ermittelt. Auf den anderen Seiten der Prüfkörper liegen die das Ganze zusammenhaltenden Holzplatten auf.

C) Der vervollkommnete Plattenapparat.

a) Sein Verhältnis zu den beschriebenen Einrichtungen.

Von den oben erwähnten Bestimmungsverfahren der Wärmeleitfähigkeit von Isolier- und Baustoffen bietet jedes für gewisse Fälle seine besonderen Vorzüge, ohne daß jedoch eines derselben allen in der Praxis auftretenden Anforderungen jeweils gleich gut genügen könnte.

Mit dem Nußeltschen Verfahren läßt sich die Wärmeleitfähigkeit bei jeder beliebigen Temperatur bestimmen. Es können jedoch nicht solche Stoffe untersucht werden, bei denen die Leitfähigkeit nach verschiedenen Richtungen verschieden ist, und bei denen die Leitzahl in einer bestimmten Richtung festgestellt werden soll, wie etwa bei Holz längs und quer zur Faser. Diese Möglichkeit jedoch bietet ein Gerät, bei dem die Stoffe nicht wie beim Nußeltschen in Würfel- oder Kugelform, sondern in Plattenform eingebaut werden. Die vier oben genannten Plattenapparate genügen dieser Bedingung, sind jedoch zum Teil an bestimmte Temperaturen gebunden oder sind nicht vollkommen gegen seitlichen Wärmeverlust gesichert.

Das Gröbersche Gerät vermeidet die Ungenauigkeiten der Messung einer Kondensat- oder Schmelzwassermenge durch Benutzung der elektrischen Heizung, ist jedoch aus oben erwähnten Gründen nicht allgemein brauchbar.

Deshalb wurde die nachstehend beschriebene Plattenvorrichtung entworfen[1]), mit der es sowohl möglich ist, die Wärmeleitfähigkeit von Platten in bestimmter Richtung wie bei einer beliebigen Mitteltemperatur zu untersuchen. Die Einrichtung schließt sich an die Gröbersche Anordnung an, hat aber einen getrennten, geheizten Schutzring, um den Wärmeverlust aus den Seitenflächen der Platten durchaus zu verhindern.

Seine allgemeine Brauchbarkeit, Uebersichtlichkeit und einfache Bedienung dürfte die Einführung des Apparates besonders jenen Firmen empfehlen, die Isolierstoffe herstellen, und die fortlaufend die Wärmeleitfähigkeit ihrer Erzeugnisse feststellen wollen.

b) Grundlagen des Versuches.

Ein plattenförmiger, quadratischer Heizkörper H_p (vergl. Fig. 1 und 2) liegt zwischen zwei gleich dicken Platten P_1 und P_2 des zu untersuchenden Stoffes, der dieselbe Fläche hat wie der Heizkörper. Um letzteren herum ist im Abstande von 4 cm ein flacher, ringförmiger Heizkörper H_r von 11 cm Breite herumgelegt, der zu seinen beiden Seiten mit einem beliebigen[2]) Stoffring R_1, R_2 möglichst geringer Wärmeleitzahl[3]) in gleicher Dicke wie die Versuchsplatten belegt ist. Die anderen Seiten der Platten P und der Ringe R sind von je einer, Platte und Ring gleichzeitig bedeckenden, wasserdurchströmten Kühlplatte K_1, K_2 belegt.

---

[1]) Die Anregung dazu verdanke ich Hrn. 𝔇𝔯.-𝔍𝔫𝔤. H. Gröber, München.

[2]) Es ist nicht nötig, daß der Schutzring aus demselben Stoff besteht wie die zu untersuchenden Platten.

[3]) Benutzt wurden Diatomitsteine, die sich bequem bearbeiten lassen, von der Firma Grünzweig & Hartmann, Ludwigshafen a/Rh. freundlichst zur Verfügung gestellt.

Beim Versuch wird durch elektrische Heizung und durch Wasserkühlung auf den Oberflächen der Versuchsplatten die gewünschte Temperatur hergestellt, wobei dafür zu sorgen ist, daß die Temperatur der Heizplatte H_p mit der des Heizringes H_r übereinstimmt, ebenso die Temperaturen von K_1 und K_2 unter sich gleich sind.

Ist dies durch Einregeln erreicht, so ist die Bedingung erfüllt, daß alle Flächen gleicher Temperatur in der Platte Ebenen sind, die den Plattenober-

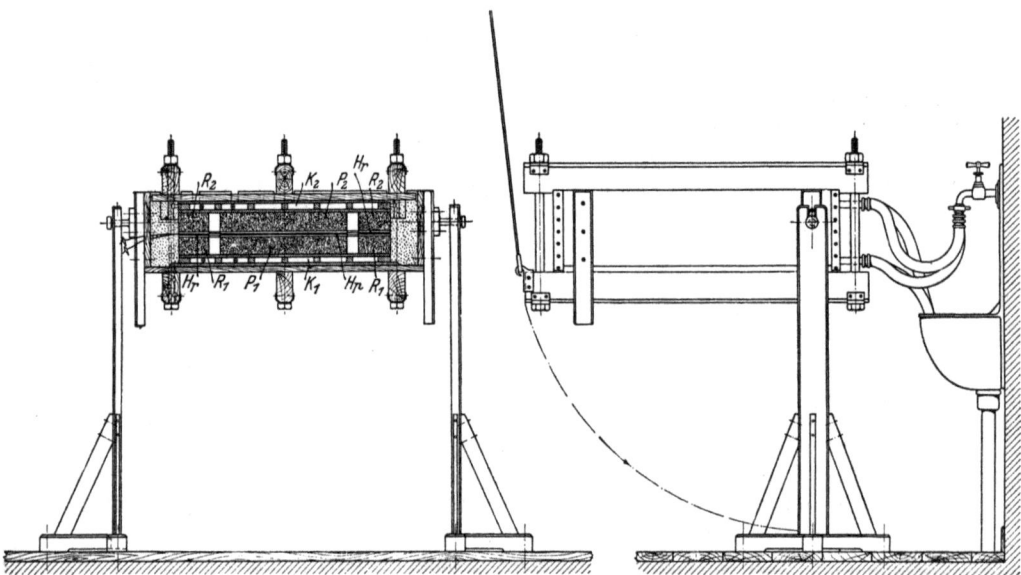

Fig. 1 und 2. **Versuchseinrichtung.**

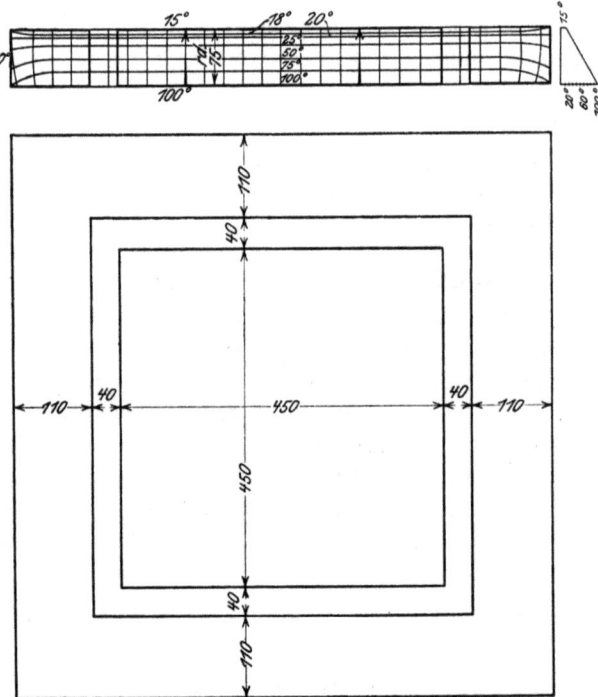

Fig. 3 und 4. **Ring und Platte mit Isothermen.**

flächen parallel liegen. Eine Krümmung der Isothermen kann dann nur an den äußeren Seiten des Schutzrings je nach den Außentemperaturen erfolgen und den Versuch nicht mehr beeinflussen. Der Wärmestrom, der senkrecht zu den Isothermen verläuft, geht nun auf dem kürzesten Wege von den warmen zu den kalten Plattenseiten über, Fig. 3 und 4.

Wenn man dann durch Einschalten der elektrischen Heizung Q WE/st[1]) der mittleren Heizplatte zuführt, so stellen sich nach einer bestimmten Zeit auf den wärmeren und kühleren Oberflächen der beiden Probetafeln P_1 und P_2 dauernd die Temperaturen t_1 und t_2 in °C ein. Ist dann δ die Stärke der Platten in m und F ihre Oberfläche in qm, so besteht für den Wärmedurchgang die Gleichung:

$$\tfrac{1}{2} Q = \frac{\lambda F (t_1 - t_2)}{\delta} \quad \ldots \ldots \ldots \quad (1),$$

wenn λ die Wärmeleitzahl des Stoffes bei einer zwischen t_1 und t_2 gelegenen Mitteltemperatur bedeutet. Der Faktor $\tfrac{1}{2}$ rührt davon her, daß die gesamte Wärmemenge sich in zwei gleiche Teile spaltet, die durch die beiden zur Heizung symmetrischen Platten hindurchwandern.

Aus Gl. (1) ergibt sich die Formel für die Leitfähigkeit:

$$\lambda = \frac{Q \delta}{2 F (t_1 - t_2)} \text{ WE st}^{-1} \text{ m}^{-1} \text{ °C}^{-1} \quad \ldots \ldots \quad (2).$$

Hier ist also vorausgesetzt, daß wirklich die gesamte Wärme Q durch die Platten ohne Verlust hindurchgeht. Die Notwendigkeit des geheizten Schutzrings für Platten, deren Dicke eine gewisse Stärke überschreitet, geht aus den folgenden beiden Rechnungen hervor, deren Zahlen etwa den Abmessungen entsprechen, wie sie im neuen und im alten Plattenapparat vorkommen.

Die in der neuen Einrichtung zu prüfenden Platten haben eine Fläche von $F = 45 \times 45$ qcm $= 0{,}2025$ qm. Ihre Dicke betrage 75 mm $= 0{,}075$ m. Die seitlichen Flächen betragen dann

$$F' = 4 \cdot 0{,}075 \cdot 0{,}45 = 0{,}135 \text{ qm}.$$

Sind die Oberflächentemperaturen $t_1 = 90°$ C und $t_2 = 10°$ C, so beträgt die Wärmemenge, welche durch die Platte strömt, bei einer Leitfähigkeit derselben von

$$\lambda = 0{,}05 \text{ WE st}^{-1} \text{ m}^{-1} \text{ °C}^{-1}$$

$$Q = \frac{\lambda F (t_1 - t_2)}{\delta} = \frac{0{,}05 \cdot 0{,}2025 \cdot 80}{0{,}075} = 10{,}8 \text{ WE/st}.$$

Die mittlere Temperatur für die seitlichen Flächen ist

$$t_m = \frac{90 + 10}{2} = 50° \text{ C}.$$

Beträgt die Außentemperatur $t_0 = 20°$, so gehen unter Annahme einer (geschätzten) Wärmeübergangzahl $\alpha = 6$ WE st^{-1} °C^{-1} m^{-2} verloren:

$$Q' = \alpha F' (t_m - t_0) = 6 \cdot 0{,}135 \cdot 30 = 24{,}3 \text{ WE/st},$$

also 225 vH der durch die Platte hindurchströmenden Wärme.

Dieser Verlust würde auch nur teilweise vermieden, wenn man die Platte mit irgend einem Wärmeschutzmittel, etwa mit einem Korkringe umgäbe. Denn auch dieser würde sich mit dem größten Teile seiner Oberfläche an der Abgabe der den Platten entnommenen Wärme beteiligen.

---

[1]) 1 WE/st $= 0{,}86$ W $= 0{,}86$ V.Amp.

Wenn jedoch die Dicke der Platten unbedeutend ist, so ist auch der prozentuale Fehler durch Wandverluste zu vernachlässigen, wie folgendes Beispiel zeigen soll.

Die Gröberschen kreisrunden Platten haben 40 cm Dmr., also $F = 0{,}1256$ qm Fläche. Unter der Annahme, daß der gleiche Isolierstoff (mit $\lambda = 0{,}05$) untersucht werden soll, jedoch nur 5 mm stark ist, ist die durchgehende Wärmemenge

$$Q = \frac{0{,}05 \cdot 0{,}1256 \cdot 80}{0{,}005} = 100{,}48 \text{ WE/st.}$$

Der Zylindermantel hat $F'' = 0{,}4\,\pi\,0{,}005 = 0{,}00628$ qm Fläche, läßt also unter den früheren Bedingungen an Wärme austreten:

$$Q = 6 \cdot 0{,}00628 \cdot 30 = 1{,}1304 \text{ WE/st.}$$

Das sind gegen 100,48 WE/st nur 1,13 vH.

In Wirklichkeit wird der Fehler noch geringer, da in dieser Anordnung im allgemeinen nur Stoffe von größerer Leitzahl untersucht werden und dazu das ganze System, allseitig in Korkschrot eingepackt, so gut wie möglich gegen Wärmeabgabe nach außen geschützt ist.

c) Einzelheiten und Gebrauch der Versuchseinrichtung.

Als Heizkörper dienen Geflechte[1]) aus Konstantandraht und Asbestfaden. Ihr Widerstand beträgt 16,4 Ω für die Platte und 25,4 Ω für den Ring.

Zu beiden Seiten dieses Gitters und mit ihm verbunden liegen je zwei Asbestplatten von 3 mm Stärke und auf diesen wieder je eine Kupferplatte, 1 mm stark. Dadurch wird der eigentliche Heizkörper befestigt, und etwaige Unregelmäßigkeiten der Temperaturverteilung im Geflecht werden vollständig ausgeglichen.

Die Kühlplatten[2]), Fig. 5 und 6, sind an den gegabelten Hahn der Wasserleitung angeschlossen. Sie sind aus Schmiedeisen gefertigt und wurden zur Er-

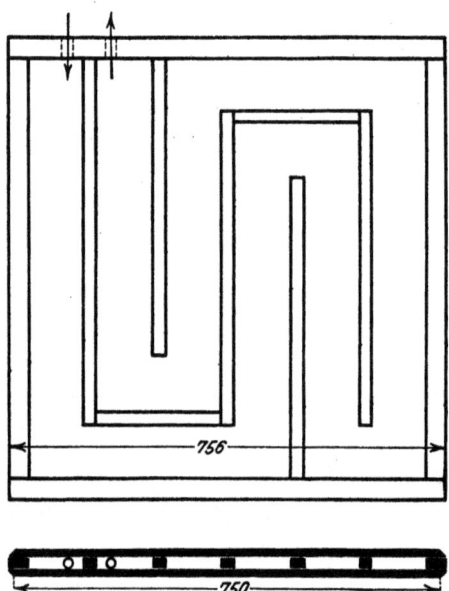

Fig. 5 und 6. Kühlplatte.

---
[1]) Von C. Schniedewindt, Neuenrade in Westfalen.
[2]) Ausgeführt und geschenkweise überlassen von der Firma Poensgen & Pfahler, Dampfkesselfabrik, Rohrbach bei St. Ingbert, Pfalz.

reichung der nötigen Dichtheit und Ebenheit aus 8 mm dicken Platten auf Vierkanteisen von 20 mm Stärke versenkt genietet, gut mit dem Rahmen verstemmt und sauber gehobelt. Die Wasserführung ist durch Labyrinthanordnung so eingerichtet, daß sich die Verschiedenheiten der Eintritts- und Austrittstemperaturen in der Masse der Kühlplatten selbst ausgleichen müssen.

Die ganze Versuchsanordnung ist in einem Kasten zusammengebaut. Dieser ist mit Isolierstoff ausgefüttert. Ebenso wird der Spalt zwischen Ring und Platte mit einem guten Wärmeschutzmittel ausgefüllt, weil sonst störende Luftströmungen eintreten.

Seitlich lagert der Kasten auf Zapfen, so daß es nach Bedarf liegend und stehend benutzt werden kann.

Durch eine kleine Winde mit Rolle wird das Auflegen und Abheben der oberen mit Zapfen versehenen Kühlplatte K_2 und des Deckels erleichtert, Fig. 7.

Fig. 7.

Zur Vereinfachung des Einbaues der Probekörper wurden auf der unteren Kühlplatte K_1, Fig. 1, dünne niedere Bleche aufgelötet, innerhalb deren die untere Probeplatte P_1 festgehalten ist.

Es ist dafür gesorgt, daß die Probeplatten ohne Luftraum an den Kupferplatten des Heizkörpers und den Kühlkörpern anliegen; bei spröden Stoffen (Steinen) dadurch, daß von diesen eine dünne Schicht pulverförmig auf die betreffende Platte gestreut wird, bei elastischen (Kork) durch leichtes Zusammenpressen. Dann sind die Temperaturen der beiden Seiten der Untersuchungsplatten gleich denjenigen der sie berührenden Kupfer- oder Eisenplatten zu setzen. Man darf daher statt jener diese durch Versuch bestimmen[1]. Das hat für die Beobachtung den großen Vorteil, daß man die Thermoelemente, mittels deren die Temperaturen bestimmt werden, nicht für jeden einzelnen Versuchs-

---

[1] Ueber den nicht vorhandenen »Temperatursprung an der gemeinschaftlichen Oberfläche zweier Körper« vergl. O. D. Chwolson, Lehrbuch der Physik III S. 400 ff. Ferner Dr.-Ing. Nußelt, l. c.

— 32 —

körper auf dessen Oberfläche aufs sorgsamste anzulegen braucht, sondern daß man sie ein für allemal fest mit dem Kupfer- und Eisenplatten verbinden kann.

Die Temperaturen werden, sobald sich der Dauerzustand eingestellt hat, mit Thermoelementen aus Kupfer- und Konstantandraht[1]) von 0,6 mm Stärke gemessen. Die beiden Drähte sind in der üblichen Weise durch Umspinnen und Schellackieren isoliert, dann aber miteinander durch nochmaliges Umspinnen vereinigt und abermals schellackiert. Zur Erlangung eines möglichst genauen Mittelwertes der Oberflächentemperaturen wurden jeweils mehrere Elemente auf Kühl- und Heizplatte aufgelötet. Sie wurden mit Glasröhrchen isoliert, die beim Heizkörper zwischen den beiden Asbestplatten hindurch nach außen führten. Auf der unteren Kühlplatte befinden sich eingefräste Nuten, welche die isolierten Thermoelementdrähte einschließen und durch dünne übergelötete Bleche wieder glatt verschlossen sind, Fig. 8 und 9.

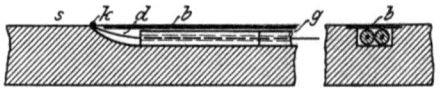

s Schmiedeisenplatte, k Kopf des Thermoelementes, d Drähte, g Glasröhrchen, b Deckblech.
Fig. 8 und 9.

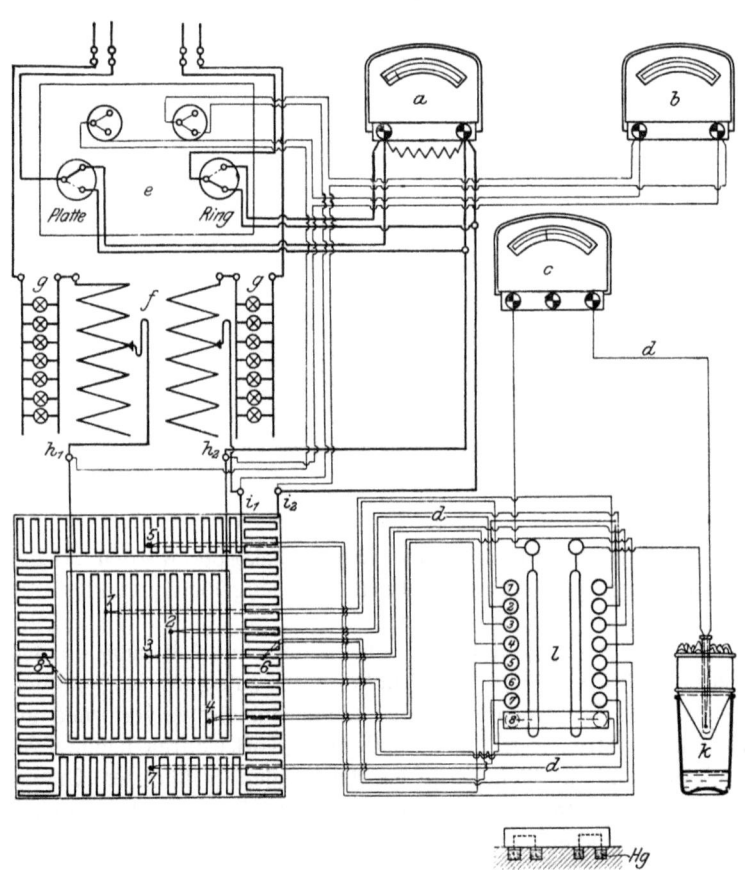

a Strommesser
b Spannungsmesser
c Zeigergalvanometer
d Thermoelemente

e Schaltbrett
f Drahtwiderstände
g Lampen

$h_1\ h_2$ Klemmen für die Heizplatte
$i_1\ i_2$ Klemmen für den Heizring
k Eislötstelle
l Umschalter

Fig. 10. Schaltung.

---

[1]) Von E. Zwietusch & Co., Berlin-Charlottenburg.

Ueberall sind die Elemente auf eine genügende Strecke in einer Schicht gleicher Temperatur geführt[1]). Ihre Lötstellen sind so angebracht, daß sie gleichzeitig auch den Versuchskörper selbst etwas berühren.

Außerhalb des Gerätes führen die Thermoelemente durch Gummischläuche (sog. Ventilschläuche) geschützt zu einem Zeigergalvanometer von Siemens & Halske, Berlin, mit einem Meßbereich von 8 und 16 Millivolt.

Um nur eine Eisstelle benutzen zu müssen, liegt zwischen der »warmen« und der »kalten« Lötstelle ein Quecksilberumschalter, Fig. 10.

Die Eichung der Thermoelemente erfolgte im Oel- oder Salpeterthermostaten nach einem von der Technisch-Physikalischen Reichsanstalt geeichten Thermometersatz.

Die zugeführte Heizenergie wird an einem Spannungsmesser und einem Strommesser abgelesen und mit Widerständen geregelt. Zur groben Einstellung dienen Lampen g, vergl. Fig. 10, zur feinen Einstellung Bänder f aus Nickelinplätt[2]), die isoliert über einem Holzrahmen aufgespannt sind, wie dies aus der Photographie, Fig. 11, zu ersehen ist.

Fig. 11.

Wegen der vollkommenen Symmetrie der Anordnung braucht die Temperaturmessung nur bei einer der beiden Probeplatten vorgenommen zu werden.

Es ist dann nur zu beachten, daß das abfließende Wasser die gleiche Temperatur für beide Kühlplatten haben muß. Diese kann durch Einregeln der zuströmenden Wassermenge verändert werden.

Um die Wassertemperaturen genau vergleichen zu können, wurde in den Ausfluß jeder Platte je ein Reagenzglas gebracht, das die »warmen« Lötstellen

---

[1]) Vergl. Dr.-Ing. W. Nußelt, »Temperaturmessung mit Thermoelementen« l. c.

[2]) Von den Vereinigten Leonischen Fabriken Nürnberg-Schweinau.

von 5 hintereinander geschalteten Thermoelementen, in Paraffin eingegossen, enthielt, Fig. 12. Die 5 »kalten« Lötstellen stehen in Eis. Durch diese Anordnung ist erreicht, daß die Thermokraft des Elementes verfünffacht und daher auch ein kleiner Temperaturunterschied des aus den beiden Kühlplatten abfließenden Wassers gut ablesbar wird.

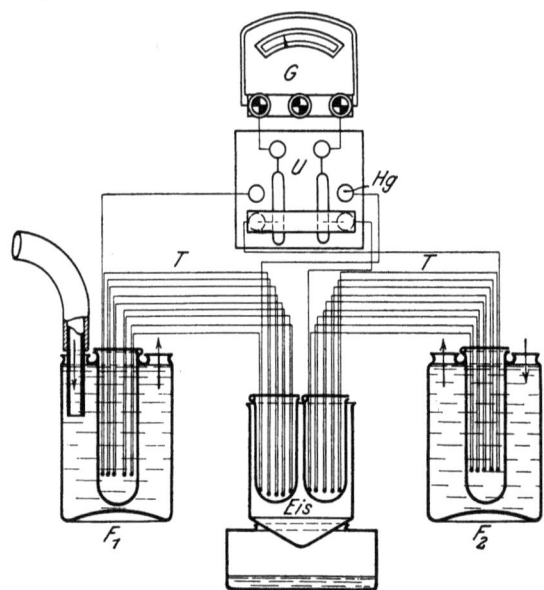

F_1 F_2 Wasserflaschen, T Thermoelementdrähte, G Zeigergalvanometer, U Umschalter.
Fig. 12. Messung geringer Temperaturunterschiede.

Die Kantenlängen der Probeplatten können auf Zehntel Millimeter genau mittels Maßstabs festgestellt werden. Die Dicke, die $1/6$ bis $1/7$ der Kantenlänge beträgt und ebenfalls als Faktor in der Gleichung für die Wärmeleitzahl λ auftritt, muß genauer ermittelt werden und wird mit einem eigenen Tellermikrometer auf Hundertstel Millimeter bestimmt.

Der Dauerzustand ist für ein gutes Wärmeschutzmittel nach rd. 30 Stunden eingetreten, bei den gewöhnlichen Baustoffen in 10 bis 20 Stunden[1]).

Alle Ablesungen werden an den verschiedenen Stellen und zu verschiedenen Zeiten wiederholt und in einem Vordruck eingetragen. Daraus werden die Mittelwerte berechnet.

Für jeden Stoff wird auch das spezifische Gewicht festgestellt, das bei Isolierstoffen oft von Einfluß auf die Leitfähigkeit ist, wie die Zahlentafel am Schlusse dieser Abhandlung zeigt.

Der Einbau eines neuen Stoffes in das Meßgerät ist schnell erledigt und die Bedienung auf das Ablesen und Einregeln der Stromstärke, Spannung und Temperatur beschränkt.

Die Probekörper sollen, wenn möglich, aus einem Stück bestehen, können jedoch nach der Natur des Stoffes auch zusammengesetzt werden, wobei sich die Fugen mit dem Pulver des betreffenden Stoffes ausfüllen lassen.

Um formbare Stoffe (Zement, Beton, Asphalt, Gips u. dgl.) untersuchen zu können, benutzen wir zwei gleiche Formkästen mit umklappbaren Seitenwänden, die gut gefirnißt sind.

---

[1]) Es empfiehlt sich, den Heizstrom einer Akkumulatoren-Batterie zu entnehmen oder bei Spannungsschwankungen des Netzes einen Spannungsregler vorzuschalten.

— 35 —

Wärmeschutzprüfer P_2.

Material: Korkplatten Nr. 3. Dauerzustand 3. Eingeschaltet 29. Juli 1911 Abends 6 Uhr 15 Min.

Abl. Nr.	Datum 1911	Zeit st	Zeit min	Heizplatte. Thermoelement Nr. 1	2	3	4	5	Heizring. Thermoelement Nr. 6	7	8	9	Kühlplatte. Thermoelement Nr. 10	11	12	13	Plattenheizung Amp ×100	Volt	Ringheizung Amp ×100	Volt	Bemerkungen
1	31. VII	10	15	36,6	36,5	36,6	36,7	36,5	34,9	34,8	34,2	34,5	9,4	9,4	10,0	9,4	69,6	17,9	106,7	—	Ring höher reg.
2	»	11	15	36,6	36,5	36,5	36,6	36,4	35,2	35,1	34,6	34,8	9,4	9,4	10,1	9,3	69,6	17,5	—	—	
3	»	2	20	36,7	36,5	36,6	36,8	36,5	36,8	36,6	36,2	36,4	9,6	9,6	10,2	9,5	70,3	17,6	109,7	—	Ring tiefer reg.
4	»	3	25	36,7	36,5	36,6	36,7	36,5	36,6	36,6	36,2	36,4	9,7	9,6	10,2	9,5	70,8	17,5	108,5	—	
5	»	4	20	36,6	36,4	36,5	36,8	36,4	36,6	36,5	36,1	36,4	9,4	9,4	10,0	9,4	70,5	17,5	—	—	
				$\Sigma=183,2$	182,4	182,8	183,6	182,2				$\Sigma=$	47,5	47,5	50,3	47,1	350,8	87,4			
				$\Sigma\Sigma=914,2$									$\Sigma\Sigma=192,3$								
				Mittel 914,2 : 25 = 36,568 Sktl.									Mittel 192,3 : 20 = 9,62.								

Temperaturen

	Skalenteile	°C
Heizplatte $t_1 =$	36,57	49,62
Kühlplatte $t_2 =$	9,62	13,13

Temperaturdifferenz
$t_1 - t_2 =$ 36,49

Mitteltemperatur
$t_m = \dfrac{t_1+t_2}{2} = \dfrac{49,62+13,13}{2}$
$= \dfrac{62,75}{2} = $ 31,38

Heizenergie der Platte

Ampère	Volt	Watt	Fläche
$\dfrac{350,8}{100 \cdot 5} = 0,7016$	$\dfrac{87,4}{5} = 17,48$	$0,7016 \cdot 17,48 = 12,27$	$F = a \cdot b$

Seitenlängen der Platten

$a = 45,05$ bezw. 45,64 m
$b = 45,33$ »   45,53 »

$0,2042$ bezw. $0,2078$

Plattendicke

$\delta = 63,26$ mm (Mittelwert) $= 0,0633$ m

Berechnungen

$$\lambda = \dfrac{Q \cdot \delta}{2\,F\,(t_1 - t_2)} = \dfrac{10,55 \cdot 0,0633}{0,412 \cdot 36,49} = 0,0444$$

$Q = 12,27 \cdot 0,86 = 10,55$ WE
$2\,F = 0,4120$

Ergebnis

$t_m{}^0$	λ
31,38	**0,0444** WE st^{-1} m^{-1} °C^{-1}

Bemerkungen

Die frühere Untersuchung im Nußeltschen Würfel ergab dasselbe Resultat.

Beobachter:

R. Poensgen.

3*

Zahlentafel I.
Die Wärmeleitzahl λ bei verschiedenen Temperaturen.

Stoff	Gewicht kg/cbm	Temperatur °C	Wärmeleitzahl λ $\frac{WE}{st\ m\ °C}$	Anordnung
A) Baustoffe.				
Münchener Handziegel	1536	15	0,34	Platte mit Ring
		35	0,34	
Maschinenziegel	1672	15	0,44	» » »
		40	0,46	
		80	0,47	
Ziegelmauerwerk (alt)	1850	20	0,35	Würfel *
		47	0,38	
Hohlziegelmauerwerk	—	20	0,28	» *
		59	0,31	
Kalksandstein Nr. I (aus feinem Stoff)	1662	15	0,57	Platte mit Ring
		25	0,59	
		40	0,62	
Kalksandstein Nr. II (aus grobem Stoff)	1987	25	0,80	» » »
		40	0,85	
Natursandstein (frisch bearbeitet), grau aus Schongau in Schwaben	2259	10	1,33	» » »
		20	1,44	
		40	1,58	
Natursandstein (wie oben, doch 6 Monate getrocknet)	2251	10	1,08	» » »
		20	1,11	
		30	1,14	
Beton Nr. I (1:4, ½ Jahr getrocknet)	2180	20	0,65	» ohne Ring *
		23	0,66	
Beton Nr. II (1:12, 2 Wochen getrocknet)	2050	20	0,70	» mit Ring
		30	0,72	
		40	0,74	
Schamotte	1716	10	0,49	» » »
		25	0,50	
		40	0,51	
		60	0,53	
Verputz (einige Monate getrocknet)	1690	18	0,68	» ohne » *
		20	0,68	
Baugips (3 Wochen künstlich getrocknet)	1250	15	0,37	» mit »
		25	0,37	
		50	0,38	
Zementholz Nr. 1 (naturtrocken)	893	20	0,16	» » »
		45	0,17	
» » 2 »	824	20	0,15	» » »
		50	0,16	
» » 2 (künstlich getrocknet)	715	10 bis 50	0,11	» » »
Gipsplatten m. eingeschlossenen Korkstückchen	685	30	0,24	Würfel **
Rheinische Schwemmsteine	630	20	0,13	» *
		30	0,14	
Kiefernholz, senkrecht zur Faser	546	15	0,13	Platte mit Ring
		30	0,14	
Kiefernholz, parallel zur Faser	551	20	0,30	» » »
		25	0,32	
Teakholz, senkrecht zur Faser	642	15	0,15	» » »
		50	0,17	
Teakholz, parallel zur Faser	604	12	0,32	» » »
		18	0,33	
		50	0,34	
Eichenholz, senkrecht zur Faser	825	15	0,18	» » »
		50	0,17	
Eichenholz, parallel zur Faser	819	15	0,30	» » »
		20	0,31	
		50	0,37	
Asbestschiefer	1783	50	0,19	» ohne Ring **
Linoleum (rd. 7,3 mm stark)	1183	20	0,16	» » » **
Korkmentlinoleum (rd. 9,1 mm stark)	535	20	0,069	» » » *
Asphalt (zum Straßenbau)	2120	10	0,56	» mit »
		15	0,58	
		20	0,60	
		25	0,62	
		30	0,64	

Zahlentafel I (Fortsetzung).

Stoff	Gewicht kg/cbm	Temperatur °C	Wärmeleitzahl λ $\frac{WE}{st\,m\,°C}$	Anordnung
B) Isolierstoffe.				
Naturkorkplatte, aus Naturkork gepreßt	204	10bis50	0,046	Platte mit Ring
Korkplatte Nr. 1	61	20	0,035	Würfel **
		100	0,042	
» » 2	154	15	0,043	Platte mit Ring
		50	0,044	
» » 3	166	15	0,042	» » »
		30	0,044	
		45	0,046	
» » 4	169	15	0,039	» » »
		20	0,040	
		25	0,041	
		35	0,042	
		60	0,043	
» » 19	178	20	0,048	» » »
		50	0,049	
» » 5	180	15	0,041	Würfel **
		50	0,042	
» » 6	182	10	0,042	Platte mit Ring
		15	0,043	
		25	0,044	
		50	0,045	
» » 7	195	15	0,044	» » »
		30	0,045	
		60	0,046	
» » 8	199	10	0,043	» » »
		25	0,044	
		35	0,045	
» » 9	202	10	0,044	» » »
		20	0,045	
		30	0,046	
		50	0,047	
» » 10	215	10	0,044	» » »
		15	0,045	
		30	0,046	
» » 20	226	15	0,050	» » »
		25	0,051	
		65	0,052	
» » 11	227	15	0,051	» » »
		20	0,052	
		45	0,053	
» » 17 (mit wasser- und luftdichter Papiereinlage)	242	10bis50	0,048	» » »
» » 12	254	15	0,049	» » »
		25	0,050	
		45	0,051	
		65	0,052	
» » 15	335	15	0,048	Würfel **
		25	0,054	
		35	0,057	
		45	0,059	
» » 16	350	10	0,055	Platte mit Ring
		25	0,057	
		60	0,058	
» » 18	365	15	0,053	» » »
		20	0,055	
		30bis50	0,056	
» » 21	380	15	0,042	Würfel **
		45	0,046	
Platten aus gebundener Blätterholzkohle	204	20	0,048	Platte mit Ring
		50	0,049	
		70	0,050	

Zahlentafel I (Schluß).

Stoff	Gewicht kg/cbm	Temperatur °C	Wärmeleitzahl λ WE / st m °C	Anordnung
B) Isolierstoffe.				
gebrannter Kieselguhrstein Nr. 1	296	15	0,057	Würfel **
		50	0,066	
		100	0,075	
		200	0,089	
		300	0,104	
» » » 2	333	15	0,068	Platte mit Ring
		40	0,071	
		75	0,075	
		100	0,078	
		135	0,082	
		150	0,084	
» » » 3	366	20	0,066	Würfel **
		50	0,071	
		100	0,078	
		200	0,090	
		300	0,103	
» » » 4	451	20	0,075	» **
		50	0,080	
		100	0,087	
		150	0,093	
		200	0,100	

D) Ergebnisse.

Mit der beschriebenen Einrichtung wurden ältere Zahlentafelwerte für die Leitfähigkeit nachgeprüft und besonders neuere für Baustoffe ermittelt.

Der Vollständigkeit halber sei das Journal eines einzelnen Dauerzustandes beigefügt. In dasselbe werden die Galvanometerausschläge während einer gewissen Zeit eingetragen, die für Platte und Ring die gleichen sein sollen, und dazu die Temperaturen aus der Eichkurve entnommen. Ebenso werden die Ablesungen des Stromstärke- und Spannungsmessers sowie die Plattendimensionen hier aufgezeichnet und aus diesen Werten die Wärmeleitzahl berechnet. Die Ergebnisse werden jeweils auf Millimeterpapier aufgetragen (die Leitfähigkeit als Funktion der mittleren Temperatur $\lambda = f(t_m)$) und nach Dr.-Ing. H. Gröber[1]) durch eine Kurve dargestellt. Probeversuche mit Stoffen, die bereits im Nußeltschen Würfel untersucht worden waren, ergaben bei der Untersuchung im neuen Plattengerät für die Werte der Wärmeleitzahl geringere Abweichungen von denen im Würfel erhaltenen, als durch die Ungleichmäßigkeit in den Materialien selbst bedingt werden.

In den Zahlentafeln I und II sind die an einer Reihe von Bau- und Isolierstoffen erhaltenen Werte zusammengestellt. Um einen Ueberblick über die im Münchener Laboratorium für technische Physik ermittelten Leitzahlen plattenförmiger Stoffe zu geben, ist auch eine Reihe von Werten in diese Zusammenstellung mitaufgenommen, die zum Teil schon früher veröffentlicht worden sind.

In der Zahlentafel I bedeutet »Würfel«, daß der betreffende Stoff nach dem Nußeltschen Verfahren untersucht wurde, »Platte ohne Ring« ist die Anordnung Gröber, »Platte mit Ring« die neue Anordnung Poensgen.

---

[1]) Dr.-Ing. H. Gröber, Physikalische Untersuchungen für die Kältetechnik. Dissertation München 1908 S. 32. Mitteilungen über Forschungsarbeiten Heft 104 S. 56 1911.

Die mit * bezeichneten Werte sind der Veröffentlichung des Hrn. Dr.-Ing.
H. Gröber entnommen, die mit ** verdanke ich den Versuchen des Hrn.
Dipl.-Ing. F. Noell. Die übrigen entstammen meinen eigenen Versuchen[1]).

[1]) Vergl. auch die von Desvignes in Paris nach einer physikalischen Methode ermittelten Werte der Wärmeleitzahl, die der Größenordnung nach mit den oben mitgeteilten übereinstimmen. Bericht über den I. internationalen Kältekongreß, Paris, S. 87.

Zahlentafel II. Die Wärmeleitzahl λ für 20° C.

Stoff	Gewicht kg/cbm	λ bei 20° C WE / st m °C
Naturkorkplatten	204	0,046
Korkplatten Nr. 1	61	0,035
» » 2	154	0,043
» » 3	166	0,043
» » 4	169	0,040
» » 19	178	0,048
» » 5	180	0,041
» » 6	182	0,043
» » 7	195	0,044
» » 8	199	0,044
» » 9	202	0,045
» » 10	215	0,046
» » 20	226	0,051
» » 11	227	0,052
» » 17 mit wasser- und luftdichter Papiereinlage	242	0,048
» » 12	254	0,050
» » 15	335	0,050
» » 16	350	0,057
» » 18	365	0,055
» » 21	380	0,043
Platten aus gebundener Blätterholzkohle	204	0,048
gebrannter Kieselguhrstein Nr. 1	296	0,058
» » » 2	333	0,069
» » » 3	366	0,066
» » » 4	451	0,075
Korkmentlinoleum	535	0,069
Linoleum	1183	0,16
Kiefernholz, senkrecht zur Faser	546	0,13
» parallel » »	551	0,30
Teakholz, senkrecht zur Faser	642	0,15
» parallel » »	604	0,32
Eichenholz, senkrecht zur Faser	825	0,18
» parallel » »	819	0,31
rheinische Schwemmsteine	630	0,13
Asbestschiefer	1783	0,19
Gipsplatten mit eingeschlossenen Korkstückchen	685	0,25
Zementholz Nr. 1 (naturtrocken)	893	0,16
» » 2 »	824	0,15
» » 2 (künstlich getrocknet)	715	0,11
Baugips	1250	0,37
Hohlziegelmauerwerk	—	0,28
Münchener Handziegel	1536	0,34
Maschinenziegel	1672	0,45
Ziegelmauerwerk	1850	0,35
Kalkstein Nr. 1	1662	0,58
» » 2	1987	0,80
Natursandstein, getrocknet	2251	1,11
» frisch bearbeitet	2259	1,44
Beton Nr. 1 (1:4)	2180	0,65
» » 2 (1:12)	2050	0,70
Schamotte	1716	0,50
Asphalt (zum Straßenbau)	2120	0,60
Verputz	1690	0,68

— 40 —

Zahlentafel I zeigt die Bestätigung des von Nußelt ausgesprochenen Gesetzes, daß die Wärmeleitfähigkeit mit der Temperatur zunimmt, auch an den Ergebnissen der neuen Versuchsanordnung. Wo diese Regel scheinbar nicht erfüllt ist, lagen Stoffe vor, deren Wassergehalt bei höheren Temperaturen geringer ward, wodurch die Wärmeleitzahl verbessert, d. h. erniedrigt wurde [1]).

Von solchen Stoffen, die nicht fertig in der Natur vorkommen, sondern fabrikmäßig hergestellt werden, sind mehrere Proben, die teilweise aus verschiedenen Fabriken stammen, untersucht worden. Wegen der unter Umständen verschiedenen Herstellungsweise sind sie nicht immer unmittelbar vergleichbar. Sie lassen aber erkennen, in welchen Grenzen (z. B. bei Korkplatten) die Wärmeleitzahl schwankt.

Die Zahlentafel II soll einen schnellen Vergleich der einzelnen Stoffe unter sich ermöglichen. Es wurde demgemäß aus der Kurve der Wärmeleitzahl überall derjenige Wert herausgegriffen, der für 20° gilt. Sie zeigt auch besonders deutlich die weitgehende Abhängigkeit der Leitfähigkeit vom spezifischen Gewicht, auf die schon von Gröber hingewiesen wurde [2]).

C) Zusammenfassung.

Im Vorstehenden ist nach einem Hinweis auf die bisherigen Apparate zur Bestimmung der Wärmeleitzahl plattenförmiger Stoffe ein im Jahre 1911 im Laboratorium für technische Physik der Königl. Technischen Hochschule München ausgearbeitetes Verfahren beschrieben, das besonders zur Untersuchung der in der Technik benutzten Bau- und Isolierstoffe auf Wärmedurchlässigkeit geeignet ist. Es wurde benutzt zur Untersuchung einer großen Anzahl von Stoffen, bei denen sich die von Nußelt gefundene Gesetzmäßigkeit bestätigt zeigte, daß die Wärmeleitzahl mit wachsender Temperatur zunimmt [3]).

---

[1]) Den wesentlichen Einfluß der Feuchtigkeit auf die Wärmeleitzahl ersieht man z. B. bei einem »Zementholz«, das bei 0,5 vH und 15 vH Feuchtigkeit untersucht wurde und das bei 20° $\lambda = 0,11$ bezw. 0,15 ergab.

[2]) Beispielsweise ergaben sich für Korkplatten verschiedenen spezifischen Gewichtes folgende Durchschnittswerte:

Gewicht kg/cbm	Wärmeleitzahl λ bei 20°
80	0,035
140	0,040
200	0,045
260	0,050
320	0,055
380	0,060

[3]) Versuche, das Verfahren auch für die Bestimmung der Wärmeleitzahl bei 0° und unter 0° brauchbar zu machen, sind bereits in Angriff genommen und werden demnächst beschrieben werden.

Sonderabdrücke
aus der Zeitschrift des Vereines deutscher Ingenieure,
die in folgende Fachgebiete eingeordnet sind:

1. Bagger.
2. Bergbau (einschl. Förderung und Wasserhaltung).
3. Brücken- und Eisenbau (einschl. Behälter).
4. Dampfkessel (einschl. Feuerungen, Schornsteine, Vorwärmer, Überhitzer).
5. Dampfmaschinen (einschl. Abwärmekraftmaschinen, Lokomobilen).
6. Dampfturbinen.
7. Eisenbahnbetriebsmittel.
8. Eisenbahnen (einschl. Elektrische Bahnen).
9. Eisenhüttenwesen (einschl. Gießerei).
10. Elektrische Krafterzeugung und -verteilung.
11. Elektrotechnik (Theorie, Motoren usw.).
12. Fabrikanlagen und Werkstatteinrichtungen.
13. Faserstoffindustrie.
14. Gebläse (einschl. Kompressoren, Ventilatoren).
15. Gesundheitsingenieurwesen (Heizung, Lüftung, Beleuchtung, Wasserversorgung und Abwässerung).
16. Hebezeuge (einschl. Aufzüge).
17. Kondensations- und Kühlanlagen.
18. Kraftwagen und Kraftboote.
19. Lager- und Ladevorrichtungen (einschl. Bagger).
20. Luftschiffahrt.
21. Maschinenteile.
22. Materialkunde.
23. Mechanik.
24. Metall- und Holzbearbeitung (Werkzeugmaschinen).
25. Pumpen (einschl. Feuerspritzen und Strahlapparate).
26. Schiffs- und Seewesen.
27. Verbrennungskraftmaschinen (einschl. Generatoren).
28. Wasserkraftmaschinen.
29. Wasserbau (einschl. Eisbrecher).
30. Meßgeräte.

Einzelbestellungen auf diese Sonderabdrücke werden gegen Voreinsendung des in der Zeitschrift als Fußnote zur Überschrift des betr. Aufsatzes bekannt gegebenen Betrages ausgeführt.

Vorausbestellungen auf sämtliche Sonderabdrücke der vom Besteller ausgewählten Fachgebiete können in der Weise geschehen, daß ein Betrag von etwa 5 bis 10 M eingesandt wird, bis zu dessen Erschöpfung die in Frage kommenden Aufsätze regelmäßig geliefert werden.

Zeitschriftenschau.

Vierteljahrsausgabe der in der Zeitschrift des Vereines deutscher Ingenieure erschienenen Veröffentlichungen 1898 bis 1910.
Preis bei portofreier Lieferung für den Jahrgang
3,— ℳ für Mitglieder.   10,— ℳ für Nichtmitglieder.

Seit Anfang 1911 werden von der Zeitschriftenschau der einzelnen Hefte einseitig bedruckte gummierte Abzüge angefertigt.
Der Jahrgang kostet
2,— ℳ für Mitglieder.   4,— ℳ für Nichtmitglieder.

Portozuschlag für Lieferung nach dem Ausland 50 Pfg für den Jahrgang. Bestellungen, die nur gegen vorherige Einsendung des Betrages ausgeführt werden, sind an die **Redaktion der Zeitschrift des Vereines deutscher Ingenieure, Berlin NW., Charlottenstraße 43** zu richten.

Mitgliederverzeichnis d. Vereines deutscher Ingenieure.

Preis 3,50 ℳ. Das Verzeichnis enthält die Adressen sämtlicher Mitglieder sowie ausführliche Angaben über die Arbeiten des Vereines.

Bezugsquellen.

Zusammengestellt aus dem Anzeigenteil der Zeitschrift des Vereines deutscher Ingenieure. Das Verzeichnis erscheint zweimal jährlich in einer Auflage von 85 bis 40000 Stück. Es enthält in deutsch, englisch, französisch, italienisch, spanisch und russisch ein alphabetisches und ein nach Fachgruppen geordnetes Adressenverzeichnis.

Das Bezugsquellenverzeichnis wird auf Wunsch kostenlos abgegeben.

If you have any concerns about our products,
you can contact us on
ProductSafety@springernature.com

In case Publisher is established outside the EU,
the EU authorized representative is:
**Springer Nature Customer Service Center GmbH
Europaplatz 3, 69115 Heidelberg, Germany**

Printed by Libri Plureos GmbH
in Hamburg, Germany